U0162950

聽松文庫
tingsong LAB

[德] 布鲁诺·陶特 著

日本美的构造

布鲁诺·陶特眼中的日本美

[德]
布鲁诺·陶特著

上海人民美術出版社

目录

正文

附录

听松文库 | 编者前言

日本建筑设计师隈研吾每回讲他的设计理念时，都会提到德国建筑师“布鲁诺·陶特”，也都会说到自己父亲收藏的陶特木制烟灰缸至今放在他东京办公桌案头的故事，表情里带着特别的刻骨铭心。

隈研吾这个名字，是在 1993 年 9 月底第一次令人有了印象。那时田中一光事务所正在为“然——茶道具新造型”的展览编辑画册，隈研吾写了篇文稿，田中先生看了之后直对大家说：“你们看，小隈的想法还就是不一样，他是日本为数不多的能跳出传统设计的边界，站在时代的延长线上思考设计再造问题的设计师。”文章的题目是“美学上的调停行为”，文章的第一句话就说“对于日本茶的认识和设计，观念和手法都不应还仅是停留在‘侘寂’这样的表面上”。印有这篇文章的画册，我至今留在自己的书柜上。

2004年，隈研吾出版了自己的论文集《负建筑》，极力提倡让建筑造型消失，激励让建筑融合在环境的历史时间里，勇敢地和强调突出造型的安藤忠雄建筑论打起了擂台。读了之后，开始理解田中说的那句“小隈是跳出了传统设计的边界在思考设计再造的问题”的话的意义和先见之明了。

从2006年，我在东京提议隈研吾到北京做个建筑亮相展，到“建筑建筑——隈研吾2008中国展”落地北京，围绕展览内容选择的讨论和确认，那两年里我们的交往密集了起来，在对展览内容的不断梳理中，在《负建筑》中文版的编辑过程中，我开始对隈研吾的建筑设计脉络有了比较系统的了解。这期间，我们多次谈到“隈研吾的设计理念的源头在哪里”，从隈研吾嘴里出现频率最高的设计师名字是“布鲁诺·陶特”，还特别强调是“Mr.陶特”。

布鲁诺·陶特是和包豪斯同时期的设计师，因为犹太人的身份，为了逃避纳粹迫害，1933年以文化考察的名义到了正在积极全盘西化的日本。一番考察之后，陶特并没有给日本建筑设计师们提出如何进行西式设计的方法和建议，反而是热情地述说着他以西式眼睛发现的日本传统设计之美，他对日本美的解读是跨越时代的，是新鲜的。1934年到1937年间，陶特连续写下了《日本——以欧洲人的眼睛看见》《日本文化私观记》《日本建筑之源》《日本人

和日式住房》，逻辑细密地写出了用西方审美的眼睛发现的日本传统美。这种对日本传统之美再认识的方法论，至今影响着西方人看待日本美的角度。让日本人得以从另一个角度认识到日本传统之美的新鲜价值，使得之后的日本设计在根本上改新了设计理念，这大概才是隈研吾心中“Mr．陶特”的价值所在吧。

“水／玻璃”是隈研吾很在意用心的作品，巧的是建造用地紧挨着陶特设计的房子，这也是陶特留在日本唯一的建筑作品。有一次，我问隈研吾“你负建筑怎么让建筑的物质体积消失呢？”，他说他去安排下预约带我去看看 Mr．陶特。

在同一道朝阳面海的山坡上，隈研吾设计的“水／玻璃”和布鲁

热海海边的这座叫东山的小丘陵上的这个木房子，是德国建筑家布鲁诺·陶特设计的“日向邸”，居然就在隈研吾设计的宾馆的眼皮子底下。

诺·陶特设计的房子，错着层，一上一下，紧挨着。

陶特设计房子，像个洞，房间里没有做任何的隔断，在房间里任何一个地方，都可以面朝大海，无比敞亮。隈研吾设计的“水／玻璃”，像个透明盒子，用透明玻璃材料隔了不同功能的区域，面对着大海，无比通透。那一刻，我似乎触摸到了所谓“消失”本身的感觉，陶特让建筑消失在了内向的空间结构里，隈研吾让建筑消失在了外向的材料结构里。“学习”和“再设计”是一个递进的关系。“学习”的过程也是梳理源头的过程，“再设计”则是再次接续源头的过程。怎么对接，是学问，也是本事。

布鲁诺·陶特的学问，让他从日本传统设计之美中，从桂离宫木质横梁竖柱的交叉关系和移门隔断可以自由活动的组合关系里，看到了西方蒙德里安式构成的启示性意义。

隈研吾的本事，是他不仅在东方斗拱结构交叉关系的源头里找到了延续性，更是完成了把日本传统木构造榫卯结构从组配部件升级到结构主体的结构性转变。

布鲁诺·陶特影响过不少人，隈研吾是其中的比较有特色的一位，这也是之所以请隈研吾编选布鲁诺·陶特这本书的意义。

Every time Japanese architect Kengo Kuma talks about his design concept, he mentions the German architect Bruno Taut, and tells the story of how his father's collection of Taut's wooden ashtrays is still on his office desk in Tokyo this day. His expression shows how deeply this has engraved on his heart and mind.

The first time Kuma's name made an impression on me was at the end of September 1993. At that time, Ikko Tanaka's office was editing the album for the exhibition of "SABEI·ZEN: the Way of Tea; a Fresh Perspective". One of the articles was written by Kengo Kuma. After reading it, Mr. Tanaka said to everyone, "You see, Kuma's idea is different from others. He is one of the few Japanese designers who can step out of the boundary of traditional design and think about redesign on the extension of the times." The title of the article is "Mediation Behaviors in Aesthetics". The first sentence says that "For the understanding and design of Japanese tea, the concepts and techniques should not still only stay on the surface of "wabi-sabi". The album that contains this article is still on my bookshelf.

In 2004, Kengo Kuma published the collection of his own essays "Architecture of Defeat", which strongly advocated letting go of architectural form and encouraged the integration of architecture in the historical time of the overall environment. He bravely fought against Tadao Ando's theory which emphasized on the importance of having strong architectural appearance. After reading it, I began to understand the meaning and foresight of Tanaka's saying that "Kuma is thinking about redesign beyond the boundary of traditional design".

From 2006, when I proposed Kengo Kuma in Tokyo to introduce himself to China by organizing an architectural exhibition in Beijing, to the "Build Built – the 2008 Exhibition of Kengo Kuma in China" opened in Beijing, in order to discuss and confirm the exhibition content, we were in contact extensively during those two years. Through the continuous structuring of exhibition content, and through the editing process of the Chinese version of "Architecture of Defeat", I began to have a systematic understanding of Kengo Kuma's architectural design context. During this period, the topic of "where does Kuma's design concept come from" was repeatedly brought up. The designer's name that Kuma mentioned the most was "Bruno Taut", with a special emphasis on calling him "Mr. Taut".

Bruno Taut was a designer from the same period as Bauhaus. Because of his Jewish identity, in order to escape Nazi persecution, in 1933, Taut went to Japan in the name of cultural study when the country was actively undergoing total Westernization. After his survey, Taut did not give Japanese architects any method or suggestion on how to carry out Western-style design. Instead, he enthusiastically described the beauty of Japanese traditional design discovered with his western eyes. His interpretation of Japanese beauty was trans-era and refreshing. From 1934 to 1937, Taut wrote "Japan – in the Eyes of Europeans", "Private View of Japanese Culture", "The Source of Japanese Architecture", and "Houses and People of Japan"; he logically described the traditional Japanese beauty discovered with the eyes of western aesthetics. Till this day, this methodology of re-understanding the traditional beauty of Japan has been influencing how westerners perceive the beauty of Japan. Allowing its people to realize the fresh value of Japan's traditional beauty from a different perspective, and fundamentally shifting the later Japanese design concept, that's probably the core value of "Mr. Taut" in Kengo Kuma's mind.

"Water / Glass" is a work that Kengo Kuma put a lot of his heart into. It's a coincidence that the building lot is right next to the house designed by Taut, which is the only architectural work that Taut left in Japan. Once I asked Kuma, "How can you make the material volume of a building disappear?" He said, "I'll arrange to take you to see Mr. Taut."

On the same hillside facing the sun, the "water / glass" designed by Kengo Kuma and the house designed by Bruno Taut are built on different levels, one under the other.

The house Taut designed feels like a hole. There is no partition inside. You can face the ocean anywhere in the house; it's so light and spacious. The "water / glass" designed by Kengo Kuma is like a transparent container; different functional areas are separated with glass, the building is facing the ocean and crystal clear. At that moment, I seemed to have connected with the so-called feeling of "disappearance". Taut made his building disappear in the inward space structure, and Kuma made the building disappear in the outward material structure.

"Learning" and "redesign" have a progressive relationship. The process of "learning" is the process of sorting through the source; on the other hand, "redesign" is the process of reconnecting with the source. How to reconnect takes knowledge as well as skill.

With his knowledge and insight, from the cross relationship between the wooden beams and columns, and from the relationship between the free movement and flexible combination of sliding doors and partitions at the Katsura Imperial Villa, Bruno Taut saw the enlightening significance of western Mondrian style structure through the beauty of Japanese traditional design.

Kengo Kuma's talent is that not only he continues to find his design inspiration from the cross form of the oriental Dougong structure, moreover, he has completed the structural transformation by upgrading the traditional Japanese wooden mortise-tenon technique from being applied only on auxiliary part to being applied on the main body of a structure.

Bruno Taut has influenced many people. Kengo Kuma is one of them, which is also the significance of inviting Kuma to edit this book of Bruno Taut.

年表

布鲁诺·陶特的轨迹

布鲁诺·陶特，德国建筑师。

1910 年加入德意志制造联盟。作为一名表现主义建筑师获得了极高的评价。第一次世界大战后，陶特投身都市复兴计划中，负责建造了众多供劳动者居住的现代化集体住宅，陶特本人也迎来了一名建筑家的成熟期。他当时的作品还被收录到世界文化遗产中，至今仍深得当地居民喜爱。

1933 年，德国纳粹势力抬头。为躲避迫害，陶特离开德国来到自己向往许久的日本并在这里度过了约三年半的时光。在此期间，受自己的政治背景牵连，陶特没能继续从事建筑设计工作，但一直在仙台和高崎担任工艺产品设计指导。期间，他发表了许多关于“桂离宫”及“伊势神宫”的论文，对日本的建筑理论、文化理论的发展产生了较大影响。

1880.5.4　出生于德国东普鲁士首府柯尼斯堡的一个贫困商人家庭中。

1901　从建筑工艺学校毕业后，辗转在多个建筑事务所工作。

1904　年开始跟随建筑师斯图加特 T. 菲舍尔正式学习建筑。

1909　从菲舍尔处独立出来，和弗兰茨·霍夫曼一同开设了陶特 & 霍夫曼设计事务所。之后陶特的弟弟马克斯也加入进来，三人一起设计了许多办公室、百货店、大小住宅等。陶特也确立了自己建筑师的地位。

1913　担任德国花园城市协会的咨询建筑师。在莱比锡国际建筑博览会上发布作品"铁的纪念碑"，次年在科隆举办的德意志制造联盟博览会上发布大量使用玻璃材料的建筑作品"Glass House"[玻璃房]，受到广泛关注。

1919　受第一次世界大战的影响，无法自由进行建筑设计，但出版发行了《阿尔卑斯建筑》[1919]、《城市的解体》[1920]及建筑杂志《曙光》[1921]等。

1921　担任马德格堡市的建筑顾问，负责高层建筑、大规模集体住宅群的建设及城市规划。设计的色彩鲜艳的彩色建筑引起很大争议。

1924 担任柏林〝GEHAG〞住宅联盟的建筑顾问。以集体住宅为主，负责建造了〝布瑞兹的马蹄形住宅区〞〝卡尔·莱吉恩居住城〞等著名建筑。

1930 担任夏洛腾堡工学院［今柏林工业大学］客座教授。

1932 赴莫斯科。停留10个月参与建筑项目，但和苏联政府意见不合，返回柏林。

1933 和秘书艾丽卡一同离开德国。取道瑞士、法国、土耳其等国，于5月3日抵达日本。11月起在仙台的国立工艺指导所负责工艺指导。

1934 8月起定居高崎的少林山达磨寺，负责对当地的工艺指导。前往各地旅行，同时积极演讲、著述。

1936 前往土耳其。担任伊斯坦布尔艺术学院教授、土耳其文化省建筑研究主任。

1938.12.24 因哮喘宿疾及过度劳累在土耳其去世，享年58岁。

序言

布鲁诺·陶特 | 我为什么要写这本书

日本！欧洲及欧洲文明支配下的世界眼中的日出之国。无数对梦想、奇迹的期许，对艺术和人文的想象，都与这个国家交织在了一起。

近代机械文明在欧美开花，同时也使欧美的艺术文化逐渐凋敝，传统的艺术形式因机械变得徒有其表。年轻、优秀的欧洲艺术家们为谋求出路满世界搜寻，最终将目光锁定在了日本。历经数千年的淬炼，质朴素雅的日本艺术赋予了他们新的勇气。在这里，传统艺术历经洗礼却依旧保持着生命力，建筑及其他艺术的表现形式甚至与现代艺术的发展趋势相吻合。1900 年前后，戏剧及工艺美术的革新运动在英国发端，不久后便波及德国和匈牙利，“青年风格”[1]诞生。当时欧洲的近代艺术家们受日本的影响颇大。

我当时还是个 20 岁的青年，有时会收集些来自日本的廉价日

[1] 青年艺术风格兴起的时代为 1891 年至 1905 年。这是一场全欧范围内的新兴风格运动。在德国，慕尼黑的年轻艺术家们以《青年杂志》[*Jugend*]为名，把这种新风格称为“青年风”。[译者注，本书注释如无特殊说明，均为译者注]

本刀刀锷、纺织品，用来细细观察它们的图案，并热衷于研究日本的彩色浮世绘版画等。只是这么做绝不是为了原样模仿。以前我经常连续几周坐在森林深处的湖岸边，看树影倒映湖中，远望风掠过水面撩起点点涟漪。秋天我观察森林的样貌，鲜艳的红叶如同地毯一般铺满山野；冬季白雪皑皑，偶有露出头来的枯草显得越发醒目，是适合写生的好景象；我还长久地观察沟渠里冰面的变化，为它们画下素描；若想了解树枝分叉的规律，自然必须留意各种树木的生长轨迹，全方位地观察森林的形态。然而我做这一切绝不仅仅是为了写生，而是想借鉴自然规律来探索新式建筑的设计比例。样式老旧的衣裳已经不再适合新的工业时代，因此新式建筑的设计比例只能从自然中找寻。此外，在色彩调和方面我也做了相同尝试。

我是如此憧憬日本，去日本旅行成了我最大的期待——只是这需要的花费实在太过昂贵，最终也只能止于向往。即便到后来形势已发生巨大改变，日本对欧洲的影响也丝毫不减。1920 年前后，今日的近代建筑刚刚问世，欧洲住宅的风格走向简约，而促成这一风格的正是日式住宅。日式住宅都有着巨大的窗户和壁橱，构造简洁却极尽自由。[参照拙作《新住宅》（1924）等]

至今日本仍是众多现代艺术家心里的“白月光”，而且对日本文化的剖析越是深入，这思慕之情就越是强烈。他们渴望摆脱现代建筑的新敌人——纯粹的反传统运动和理性主义[1]，也使得这份情感愈加深厚。

欧洲有许多关于日本的文献，这一点想必日本人是知道的，但我担心他们可能并不知道这些文献传递出的日本形象是多么偏颇。当然，这并非书籍的罪过，它们的水准无疑远远高于那些永远重复着艺伎和樱花的大众读物，但现实绝非靠语言和图像就能完整展现出来。就像日本人对欧美的印象同样也是通过间接渠道获取的。我在日本时经常会诧异，他们对外国人怎么会有如此大的误解。不过反过来想，日本人若到了欧洲，想必也会吃惊于当地人对日本抱有的千奇百怪的想法。

然而不幸的是，这已经不再是无关痛痒的小事，外国的看法往往会很大程度上影响国民个体对本国的认识。如今日本人眼中只有西方，因此西欧对日本的批判正在很大程度上影响日本国民的国家观念，且其流弊很有不断扩散的势头。

---

[1] 理性主义 [Rationalism]：建立在承认人的推理可以作为知识来源的理论基础上的一种哲学方法。一般认为是随着笛卡尔的理论而产生的。

我曾切实接触过日本人，而我的印象和外国一样，认为文献中的不实之处主要偏向以下两个方向：其一是用感伤的、浪漫主义的眼光看待古代传统；其二则与之相反，无论是日本人还是西欧人，都将现代日本的变化视作单纯的对外模仿。这两种观点都相当危险。欧洲和美国如何看待日本并不重要，但日本人自身对新旧文化的态度却能左右国家的命运。这决定了真正的国家意识、对其他国家的态度，甚至于将来日本对全世界的价值。

这样看来，“日本”问题已经不仅仅是日本一国的问题，而是整个世界的问题。如果因国民不断否定自我导致这个国家变得无聊、枯燥乏味，这将是整个世界的巨大损失。

一直以来我都没怎么读过与日本相关的书籍，而且在日本时也未曾想过要埋头做太过具体的学术研究。假设要研究日本的古代建筑史，日本学者的著作浩如烟海，哪怕只是想对它们提出切中要点的批评意见——姑且不算学习日语的时间——恐怕也需要数年。其他领域的情况也是一样。然而我以为，日本的文化目前正处在一大转折期，现在还不是伤春悲秋的时候，必须找到一个能综合看待日本各类现象的视角，以期对未来的发展有所助益。思想新派、忧国忧民的日本人都在关心这个问题，然而他们似乎更重视具体的细节部分。不过这个问题本就包罗万象，因此我无须担心自己的观点被讥讽浅薄、浮于表面；也正因如此，一个热爱日本的德国人才能毫无顾忌、不偏不倚地评价日本的各种现象。在我看来，倾听我的这些意见对日本人来说也十分重要。

我的日本之行和许多走马观花看世界的游客不同。不仅如此，几乎全程都有日本人亲自带我领略这个国家的方方面面。我非常幸运能和日本人共处，住在日本人家中，恐怕极少外国人能有这等优待。我十分感激日本友人——当然不只是日本的年轻人——对我的深厚情谊和无微不至的关怀，简直找不到合适的语言来表达我的感谢之情。此外，日本的各政府、机构，东京帝国大学、京都帝国大学、早稻田大学，各建筑师团体，京都、大阪、神户及其他地方各政府、研究所团体，以及日本的各大报社，都极其热情地招待了我，在此表示由衷的谢意。他们郑重的接待、深厚的情谊、周密的安排，无不是日本式性格的最美体现，将永远在我的心中留有一席之地。

隈研吾 | 重读布鲁诺·陶特的意义

[编者按]　隈研吾，1956年出生于日本横滨，于1979年从东京大学毕业。日本当代最著名的建筑师之一。曾获得国际石造建筑奖、自然木造建筑精神奖等。著作有《十宅论》《撕碎建筑的硬壳》等。

要说20世纪的建筑领袖，毫无疑问是柯布西耶[1]和密斯[2]。在与柯布西耶、密斯的直接对峙中，陶特是失败者，被人忽略了。

我与布鲁诺·陶特的相遇，缘起于一项设计委托。委托方想要在热海[3]的东山上，建一座小型的旅馆。基地方位图刚拿到手里的时候，我不曾料到在热海，在下临太平洋的悬崖上，会和陶特的日向邸相遇。

美的建筑也就等同于美的实体，优秀的建筑师也就是有能力

---

[1]　勒·柯布西耶[Le Corbusier，1887—1965]：20世纪最著名的建筑大师、城市规划家和作家。是现代主义建筑的主要倡导者，机器美学的重要奠基人，被称为"现代建筑的旗手""功能主义之父"。

[2]　路德维希·密斯·凡德罗[Ludwig Mies vander Rohe，1886—1969]：德国建筑师，亦是最著名的现代主义建筑大师之一，自1930年至1933年在包豪斯建筑学校任校长。

[3]　热海：热海市，位于日本静冈县东部，与神奈川县接壤，于1937年4月10日设市，以温泉而出名。

设计出美好的实体的建筑师，人们通常是这样认为的。

但是当时的陶特对这样的观点是抱有疑问的。他对建筑有这样一种理解，即建筑不是一个实体，而是一种关联性。他讨厌被割裂的建筑实体。因此，他对日向邸的地下室设计之类的工作也抱有兴趣。日向邸的地下室以几乎被埋没的方式与既有的环境紧密联系在一起，不曾被孤立或割裂。在这种条件下，建筑不可能成为一个独立的实体，可以说就是环境的寄生物了。但也正因此，日向邸可以成为表现环境与建筑的关联性的不可多得的实验场所。

陶特在此进行了若干实验，也取得了一些让自己满意的结果。当然陶特也并非从建筑师生涯的一开始就本着这样的认识做建筑，他也是走过了很多的弯路才到达这里的。在他思考的变化发展过程中，我想起到决定性作用的还是他那经常被人们提起的桂离宫体验。

1933 年 5 月 4 日，陶特去参观了桂离宫。结果，他大为感动："无论帕特农神庙、哥特大教堂还是伊势神宫，都不如桂离宫能如此清楚地彰显'时间永恒的美'，桂离宫，实在是世界文明中的奇迹。这个奇迹的精髓在于将相互的关系转化成为建筑空间。"陶特的关键词是"关联性"，指的是主体与庭园的关系。

桂离宫里没有那种可以被称为造型体的东西，陶特对日本建筑中的开放性，表示出极大的赞叹。相对于现代主义将时间凝固为建筑造型体，让楼梯、坡道来体现运动的做法，桂离宫非但没有将时间凝固为实体，反而要让时间以流动状态连接空间。

热海的日向邸，就是他对桂离宫的感动之后，做的新设计尝试。日向氏委托陶特设计地下室加建部分的内部改建，原本就无法作为造型体凸显，但对正试图否定造型体的陶特来说，这可以说是求之不得的好事，于是他在这个小项目里高高兴兴地倾注了全力。

日向邸于1936年竣工。在那个试图把思想都物化为简单易懂的视觉碎片，试图把所有的对立也都归纳为物体与物体的对立的时代，陶特无疑是超前的。

陈永怡 | 东方美与现代性

［编者按］ 陈永怡，中国美术学院教授，艺术史论学者。

写下这篇文字时，我正在美国访学。那几日经常徘徊在波士顿美术馆的亚洲馆里，在一件件中国、日本和韩国的雕塑、陶瓷和绘画中，感受东亚的美学精神。吴昌硕应冈仓天心[1]之邀所题写的“与古为徒”[2]篆书匾额高悬在亚洲馆的楼梯口，让人恍若回到20世纪初费诺罗萨、冈仓天心等人为收藏东亚艺术品而四处奔走的年代。从亚洲馆再穿梭至欧洲馆、美洲馆，一件件造诣高超的艺术品被精心陈列着，展现着世界文化艺术的独特脉络以及它

---

[1] 冈仓天心［1863—1913］：日本明治时期著名的美术家、美术评论家、美术教育家、思想家。冈仓天心是日本近代文明启蒙期最重要的人物之一，同是对日本近代文明有过重要贡献的福泽谕吉认为日本应该“脱亚入欧”，而冈仓天心则提倡“现在正是东方的精神观念深入西方的时候”，强调亚洲价值观对世界进步作出的贡献。1890年，担任东京美术学校第二任校长，兼任帝国博物馆理事、美术部长等职。

[2] 与古为徒：语出《庄子·人间世》，原指援引史事，讽喻今人，后喻尚友古人。见《辞源》“与古为徒”词条。波士顿艺术博物馆藏匾的篆书出自清末民初大艺术家吴昌硕之手，篆书大字后有款云：“波士顿府博物馆藏吾国古铜器及名书画甚多巨观也，好古之心中外一致，由此以推，仁义道德亦岂有异哉？故摘此四字题之。吴昌硕，时壬子秋杪客沪上。”

们彼此之间或隐或显的联系和影响。

从1800年左右开始，东亚与西方的文化交流趋于频繁。日本浮世绘启发了印象派的画风，而浮世绘本身又受到来自中国传统木版年画的影响。诸多事实表明，近代以来，中国、日本、西方三者文化之间的影响是双向共通的，彼此之间的交流盘根错节，远比我们理解的要复杂和丰富。从布鲁诺·陶特撰写的《日本美的构造》中，显然同样可以真切感受到这一点。

德国建筑师布鲁诺·陶特是与格罗皮乌斯[1]、勒·柯布西耶、密斯等齐名的现代主义设计大师。1914年前，他醉心于田园城市理论的学习和实践；1914年他为科隆德意志制造联盟展览会设计的玻璃亭［Glass Pavilion］被誉为表现主义的代表作。“一战”后，由于德国社会剧变，陶特放弃了乌托邦的城市设计理想而转变为社会改革者，他试图通过功能性的住区设计来改良社会。尤其1924年后，他主持和参与了一系列德国现代主义大型住区的设计，其

[1] 沃尔特·格罗皮乌斯［Walter Adolph Georg Gropius，1883—1969］：出生于德国，后加入美国国籍。最著名的现代主义设计师之一，建筑大师。包豪斯创办人。

中几个现在已被列入世界文化遗产名录。1933年，陶特遭到纳粹迫害，无奈流亡日本。就在此时，他遭遇了桂离宫等日本传统建筑，从而进一步深化、发展了他的现代主义设计理论。

此书中，陶特对桂离宫不吝赞美之辞，庭院、正殿、茶室……，每一处细节都用心体味，并饱含深情地加以描述。其对日本建筑美学的解读，被认为奠定了日本设计理论的基础。人们往往称陶特为东方美的“发现者”，不过，有一点是不能被忽视的，即陶特固然以一位西方人的视角在桂离宫中发现和揭示了日本建筑之美，同时，他更是通过桂离宫印证了他自己的现代主义建筑思想。

陶特虽然归属于现代主义设计流派，但跟格罗皮乌斯等人的艺术道路不同的是，他没有走向唯工业化、功能至上和简洁机械的线条等这些符号化的美学风格，而是希冀把艺术想象和审美需求跟现代主义的功能、实用结合起来。他的玻璃亭设计就是一个充满挑战精神的实验性产物，他甚至将美的追求作为该亭设计的唯一目的。这种对整体美的崇尚一直贯穿了他的设计生涯，使得他的作品比那些纯粹的现代主义设计要显得更加审美化和人性化。

在住区规划设计中，他也十分注重个性化的外部空间、社区空间的塑造，其中通过改变建筑立面色彩和环境色彩的方式，改变千篇一律的住区面貌是他喜欢采用的办法。在他的玻璃亭中，我们已经看到他对彩色玻璃的热爱以及在色彩运用上的娴熟和天分。他设计的住宅色彩丰富，但又融于建筑和环境本身，不喧宾夺主，显得十分统一协调。因此他的住宅设计充分考虑到了人的居住需求和心理向往。实际上，陶特反对的是现代主义唯理性至上的极端，在“住宅是居住的机器”这样的论断下，现代主义建筑所强调的模式化和机械化难免造成冰冷刻板的美学印象，导致最终被后现代主义所取代。而陶特仿佛已预见到现代主义的弊端，早在自己的设计实践中加以规避和另辟蹊径。

当陶特带着对现代主义未竟的探索来到日本，直面桂离宫时，他的心情一定是十分激动和兴奋的，这从他那些带着极强个人情绪的文字中就能体会得到。譬如对于建筑的整体美，他看到桂离宫的正门跟庭院整个融为一体，青蛙和乌龟在庭院中自由活动，成为离宫不可分割的部分，这对他的震动该有多大，因为就在这个东方建筑中他看到了内外空间的和谐统一，这跟他所强调的建筑的外部空间是完全一致的。他也从桂离宫中找到了现代性，每一个部件都简单直接地符合实用的目的，岂不就是现代主义建筑所追求的功能性吗？下面这段文字，更证明了他试图弥合功能性和艺术性的观点：“我早就主张，现代建筑的发展最重要的基础就是功能性。我想说的是建筑应当‘在拥有所有优秀的功能的同时还拥有优美的外观’，这句话却常常被误解单纯地追求实用性和功能性。在桂离宫这座古老的建筑中，毫无悬念地证实了我为构建现代建筑的重要基础而提出的理论。”

除了反对欧洲现代主义中的理性主义，陶特也抵抗反传统的做法。陶特本身十分尊重传统，认为真正艺术的创造无不根植于伟大的传统。但他决然不是保守派，他对传统的重视，目的是创造未来的新建筑。尊重传统，也就是尊重每一种建筑产生的土地、气候和社会基础的特殊性，而不是发展出千篇一律的现代风格。这也是陶特反对适用于任何国家或地方的“国际风格”的原因。因此他其实也提出了一种建筑设计的方法，那就是研究当地特定的自然、生活、经济和社会条件，以此为基础发展出现代的新建筑的风格。正像他认为的，“新式建筑的设计比例只能从自然中找寻”。

当然，除了印证和发展自己的现代主义设计理念，陶特毫无疑问也被日本传统建筑中的东方艺术精神所深深折服，那种来自对大地的无限亲近而产生的自然美学。他感受到，东方设计极为细致的地方难以用科学来捕捉，它着眼的是人与人之间的关系脉络，不是科学所能测量和定义的，“艺术的美已不仅仅是可见的形态之美，而是隐藏在背后的无限思想和精神”。还有东方不同于西方的设计处理手法，如入口设计的遮挡，这是东方人欲说还休的内敛和谦逊。先抑后扬，仿若桃花源入口初极狭，后豁然开朗的惊喜；材料与工艺有节制的运用而呈现出的美；材料的简朴、明确和纯正，以及对日常生活基本需求的满足。他以一个西方人的视角，敏锐地捕捉到东方艺术的精微之美，读者阅读时对此必有会心之处。

陶特在书中多次语重心长地对日本现代设计提出希望和期待，他认为“桂离宫蕴含着创作现代建筑作品所需的一切原理和思想”，日本设计师不应反传统，盲目照搬西方的东西，很多传统的智慧只要稍加变更就可应用。陶特近百年前对日本现代设计的提醒，时至今日似乎还能触痛到中国设计的某些神经。在长时间师仿西方和日本设计的过程中，中国设计也许可以更多地思考如陶特所提出的，将设计建立在独特的风土、社会和经济条件之上；将传统研究透彻，并发现其中可以承继、发展的现代因子；当然还有一条原本就是东方的传统，如今却严重失落的美学追求，那就是以生活和艺术之美补苴生命之美，正如冈仓天心所言的“茶道”的精神一样，在不可能完美的生命中，成就某种可能的完美。这是东方美的至高追求，也是东方设计的终极理想吧。

正文

第一篇

桂离宫

我刚到日本生活时就有幸详细参观了京都郊外的桂离宫[1]。后来我又陆续接触了诸多日本的古代建筑，许多都和桂离宫有着千丝万缕的联系，正如雅典卫城[2]与其山门[3]或帕特农神庙[4]的关系那般。由此看来，桂离宫委实称得上是日本真正的“古典建筑”。我恰巧在数周前造访雅典卫城，因此可以断言，雅典卫城和桂离宫给人带来的冲击感非常相似。二者经过几代人的醇化、淬炼，其形式都脱离了一切个体性的、偶然性的因素。前者是方石建筑，后者是木、纸、竹制建筑的集大成者，因此二者的建造技术都十分成熟，且兼具孩童一般纯真无邪的特质。雅典卫城诞生后两千年来，对世界产生了巨大影响，这种影响恐怕今后还会持续下去。后世对雅典卫城殿柱结构的拙劣模仿数不胜数，但这并不影响它崇高的地位。因为这一建筑已经完全超越了所有外在的、形式化的东西。

[1] 桂离宫：位于京都西京区。基于江户时代 17 世纪皇族的八条宫别墅而创立的建筑群和园林。面积约 7 万平方米，其中园林部分约 5.8 万平方米。

[2] 雅典卫城：希腊最杰出的古建筑群，是综合性的公共建筑，为宗教政治的中心地。面积约有 4000 平方米，位于雅典市中心的卫城山丘上，始建于公元前 580 年。卫城中最早的建筑是雅典娜神庙和其他宗教建筑。

[3] 卫城山门：建于公元前 437 — 前 432 年，建筑师穆尼西克里 [Mnesicles] 为了因地制宜，将其做成了不对称形式。正面高 18 米，侧面高 13 米。主体建筑为多立克柱式，当中一跨特别大，净宽 3.85 米，突出了大门。

[4] 帕特农神庙：供奉雅典娜女神的最大神殿，不仅规模最宏伟，坐落在卫城中央最高处，庙内还存放一尊黄金象牙镶嵌的全希腊最高大的雅典娜女神像。它从公元前 447 年开始兴建，9 年后大庙封顶，又 6 年之后各项雕刻也告完成。1687 年威尼斯人与土耳其人作战时，神庙遭到破坏。19 世纪下半叶，欧洲人曾对神庙进行过部分修复，但已无法恢复原貌，现仅留有一座石柱林立的外壳。

① 御殿
古书院
中书院
乐器间
新书院

② 表门

③ 御幸门

④ 天桥立

⑤ 月波楼

⑥ 笑意轩

⑦ 园林堂

⑧ 赏花亭

⑨ 松琴亭

⑩ 卍字亭

桂离宫平面图〔一〕

桂离宫 · 乐器间［中央］

桂离宫也是一样。我曾听许多人说起桂离宫的伟大，称桂离宫是一切日本古典元素的典范，对此我深表赞同。这里如同圣洁的阳光，照亮了整个日本，因此我们很有必要在这里多停留一会儿。

首先我们来到桂离宫的外围。一道竹墙已经完整显现出这里的风格。欧洲的宫殿，刻意突出宫廷严苛的礼仪和肆意的奢靡，这里完全不是如此。欧洲人站在桂离宫外，恐怕没有人会不好奇：围墙如此朴素，它背后的宫殿会是什么样子呢？对日本有一定了解才会明白，入口要避免所有僭越的可能，这是高贵门第的家风。叶山町[1]的御用府邸甚至都没有悬挂皇室的徽章。日本有无数这样的门：不求美轮美奂，而是通过精心的材料选择和加工来呈现纯粹的美、均衡的美，彰显出居住者的高贵身份。无论去到哪个城市，透过院墙或篱笆，城门或入口处用心设计的绿植，我都能发现市内景观中蕴含的质朴和流畅之美。在田园，在地方城市和农村也是一样。安闲的住宅区内汽车驶过的画面像极了电影中的场景，有一种高贵的美，

[1] 叶山町：神奈川县三浦半岛西部的一町，现在是三浦郡内的自治体。

静中有动却不失协调，没有任何突兀之处。然而这种美是无法通过图画表现出来的。京都的修学院离宫[2]曾是天皇的夏季行宫，这里将稻田非常艺术地融入禁苑中，天皇和农夫们一起耕种。桂离宫的正门也是一样，由于和整个庭院融为一体，呈现出了远高于其单体的艺术价值。

桂离宫和它的庭院形成了完美的统一体，蜥蜴、青蛙和乌龟等动物都丝毫不怕人，俨然已经是离宫里不可分割的部分。入口处有座庭院，里面的建筑物便很有巧思，颇有动人之处，但若用以往艺术史上的概念来判断，这里其实完全不能称为建筑艺术。竹材打造的檐槽[3]和竖樋[4]既体现了一种建筑风格，同时也是实用的必需品。纵然是完全从无趣的实用性角度来看，这里也将实用主义发挥得淋漓尽致。它最为简单直接地满足了作为建筑物的各种需求，极具现代性，建筑家们如果看到它一定会瞠目结舌。特别是它的门窗高度统一，几乎没有一个地方会让人感觉杂乱无章。正因如此，现

[2] 京都修学院离宫：日本最大的庭院建筑群，是日本三大皇家园林之一。位于京都市左京区修学院町，1659 年竣工。

[3] 檐槽：搜集屋檐滴水的水槽及相关部件。

[4] 竖樋：竖直的排水管。下雨时，落在屋顶上的雨水涌入檐槽后，通过竖樋排放至地面。

代建筑家往往能从这样的古代建筑中汲取灵感。但若建筑家们当真想要学习，桂离宫无疑又对他们提出了各种专业要求。进一步观察的话，就会发现这里看似极为简单朴素，背后却大不简单。正如其他所有科学、合理的建筑一样，它并没有建设任何大规模的排水设施，但是它既满足了人们实际生活的诸多需求，又超越了单纯的实用性范畴。日常生活在发展过程中会自然生成许多特殊机能，而建筑将这些机能正确发挥到了极致，这也是它之所以是日本的“古典建筑”的缘由。如雅典卫城废墟等其他古典建筑，并不能从它们本身推测出曾在这里生活过的人们的生活情境。但桂离宫就完全可以做到这一点，因为大部分的现代日本住宅都具有与它相同的特性。

关于桂离宫的入口处前庭的讲述便是这些了。门内有条小路，原本是下轿之处。沿着小路向前是一棵弱小的松树，树后的池塘连着一条并未过多修整的水渠将道路隔断。继续往前走，就能从其内部通往整座庭院。适才的风光虽然和邸内庭院相通，但内园却全无前庭的中庸色彩。同样的，从庭院外的桥上观望，池塘的风景和庭院是分割开来的，独立成篇；然而池塘之景又和庭院之景相通，互为依托。这也正是这座建筑的精致之处，往来之人匆匆一瞥能够看到的只是风景之一隅，不至于一览无余，足以称得上是所有庭院建筑的典范。

由御门入内，树篱遮挡，看不到主屋。长满青苔的铺路石向一旁延伸。看它们的形状，显然都经过了设计者的深思熟虑。再往前，还放着几块天然大石作凳子用。从这里开始，青苔石才斜斜通往玄关。因着这样的布置，从这条路上无法一眼望到主屋房间的内部。相反，玄关以及与之相连的各个房屋的主轴线直冲着绿篱正中的灯笼，因此从主屋内部甚至可以眺望至前庭，而由此入内的人的动向则与之完全隔离。

这种构造至今仍是前庭和入口设计的优秀典范。不论是多么简单的房屋，总会以树篱遮掩玄关，若场地有限，也会种植一小排竹子。若不如此，则几乎所有房屋——甚至是某些农家或寺院——

都会斜向铺设前门至玄关的道路。而这样一来，通往中庭和主屋的景色也因此具有了丰富的艺术趣味。在艺术意义上这是无比重要的动态要素，同时又是一种将家庭生活与外部分离开来的绝佳方式。出于同样的理由，日本许多庭院的大门也并不正对街道。不论街头风景如何简单，也会因大门的斜向设置而增添一层强烈又丰富的韵味。

接下来让我们进入离宫内部。室内的布置协调且沉稳，很难用纸笔尽述——只看木材、装饰和隔扇屏风上极为低调的色彩与不施彩色之处，壁纸极为罕见的协调感，就足以感受得到。作为外国人，觉得最为可圈可点的首先是关上房间拉门时感受到的那种沉静。而拉开拉门的一瞬间，庭院景色如同房间的一幅“画”般倏忽而至，同时带来一股压倒性的力量，一下子便支配了房间的整体氛围，看起来似乎所有墙面都考虑过对庭院景色的反射。这种“反射”以熏金、熏银[1]的隔扇拉门最为强烈。

---

[1] 熏金、熏银是指用硫磺熏过后，再用锡使镀金、镀银面变黑，然后进行表面打磨，这样，凸起部分会重现光泽，而凹陷部分则保留了熏后的黑色。

但桂离宫在这一点上非常谨慎。其他的新房屋在隔扇纸上挥洒熏金来描绘云彩，但对庭院景色的反射过于强烈，而这座“古典建筑”甚至对于应当“反射”到什么程度也给出了标准。只有创意被引用，创意背后的内涵却被忽视，这是一种不幸，也是所有精致事物的宿命。恐怕不论哪个国家都会有这类跟风的庸俗作品吧。日本也有这样的庸俗作品，但是外国人的眼睛却很难辨认出来。要说的话，大概是那些过于华丽以至于花里胡哨的东西吧。即使是日本人，有时候也会欣赏这种华丽，忘记审美上的过犹不及，过于华丽就会转为丑陋。我借此触摸到了日本的另一面，会在后面的章节进行详细讨论。

以御苑为主要构成的小离宫、京都的修学院离宫，专一使用墙面色彩来吸收庭院的反射。令人吃惊的是，这里的墙却涂成赤色，我之前从未在任何地方看到过这样的用色。全部使用暗淡的杉木镶边的天皇居室，其种种形式的简单朴素实在令人惊讶。这 30 平方米的空间，将简洁直接表现到了极致，这在其他地方几乎从未出现

桂离宫

过。这里的风格如此返璞归真,体现出居住在这里的主人极高的教养。而这里的墙面之所以要使用赤红，观察宫室前面的皇家庭院就可以明白。一到秋天，御庭内枫树的红叶会因为墙面温暖的红褐色而变得柔和，毫无违和感地完全被吸收入景。当今，日本的客厅——甚至是料理店——本质上用色都极低调，但建筑用材上常按照传统选择黄、焦茶、深灰等传统色调。古建筑的用色乍看极为简单，但其实通常会根据选材、庭院或是风景的色调进行非常细致的调和。例如在修学院离宫的御苑内，小山上可随意眺望遥远野外风光的亭子使用了柔和的淡黄色，但也有例外，京都下村氏的古老别院就使用了深灰绿色。它之所以使用绿色,是因为这座建筑被苍郁的森林包围,坐落于山谷之中。森林的深绿被墙面温和的灰色吸收，展现出祥和的沉静感。而且这里用于挂画的壁龛[1]还被涂上了更加浓郁的绿色。我特别在此举出这个例子，是因为很多的近代房屋中都使用了从绿色到蓝绿色等多样的色彩。与金色的云彩一样，虽然是为了展现美，

[1] 壁龛：设于日式房间正面的上座背后，比地面高出一阶，可挂条幅、放置摆设、装饰花卉等的地方。

但实际上却过于“美”了。

让我们回到桂离宫吧！从顶棚的木板铺设、木板与竹板的掺杂使用都可以看出，这里的木工技艺高超而熟练，丝毫不逊色于欧洲的家具制作工匠，而且不像近代的高价建筑那样经常做过多的变化。在这一点上，修学院离宫也可以称得上最好的示范。毫无疑问，和如今的匠人一样，过去的匠人早已熟练掌握了这些变化——这从古代的茶室就可以得到证明。但是在过去，除了使用技巧，完整地展现形式也极受重视，这也正是古典建筑的伟大之处。

就拿桂离宫的壁龛作为例子吧。通往天皇居室的前室里壁龛的侧面，设有波浪状、椭圆形的窗户。整个壁龛的形式也如同这椭圆形的窗户一般，避开了规整的直角，进入眼帘的是经过精密考量而打造的印象。壁龛的外框简单朴素，上面的图案变化非常细微，如若不是眼神极为敏锐，甚至分辨不得。这实际上是日本房屋中经常出现而又最容易流于庸俗的地方。我们可以将壁龛与英国房屋建筑

桂离宫

里的壁炉做比较。壁龛是房间内一个神圣、庄重的点，我的一位朋友称其有日本古剑道决然一击的气势。英国的壁炉也很好地表现了英国古典房屋的素雅气质，但到了近代，却成了感伤主义的象征。自从日本的壁龛在侧面设置木板铺设的佛龛开始，相同的现象也出现了。再加上茶室专属的饮茶功能也向客厅转移，客厅开始使用满是木节的木材和浓厚的色彩，并且把壁龛的墙面打造得花哨而艳丽，野蛮地在上面挂满装饰物，不得不说这是个严重的误解。修学院离宫内天皇居所客厅的壁龛就只有明亮素白的墙面。与此相对，茶室对于宫室来说，完全可以视为建筑中具有特殊性质的抒情诗。壁龛的形式［取代花哨图案的，不过是稍稍倾斜的侧墙］和特殊天然木材的选择、顶棚上经常出现的竹材的自由外观，都通过材料运用，或说熟谙建筑、艺术、诗歌的茶匠的高尚教养得到了控制。但是，没有才能的徒子徒孙们邯郸学步，介入诗的世界，简直是不幸之至。

我就经常在日本的旅馆中遭遇这种可怕的庸俗设计。

虽然之前我说桂离宫严格遵守统一的尺度，但其实也不是所有地方都公式一般运用中规中矩的设计。晚年柯布西耶推崇伯尔拉赫[1]的理论，现代建筑家也将其奉为圭臬，然而他们即便想在桂离宫的布局图上画对角线，恐怕也只是徒劳。实际上，这样的建筑物正是因为这些极为细致的地方难以用科学性来捕捉，所以才形成其古典风格。这种美完全属于精神性质的范畴。

仔细观察桂离宫的御苑就能完全明白这一点。来客休息室［古书院的侧房］前方设有竹廊，也就是用于赏月的外廊，从这里可以一览包括池塘在内的御苑全景。那景色美得甚至让人落泪。苑中散落各式各样的石头，石上有许多乌龟，有的高抬长颈，也有的咚的一声跃入水中。我们在这里遇见了无与伦比的、纯日本式的，而且是完全独有的崭新的美。但是这里如此让人迷醉的到底是什么呢？在试图解答这个疑问，或者说对其设计进行理性分析之前，我们首先感受到的是，人们通过造园艺术将人与人之间的各种关联脉络在这里

[1] 亨德里克·佩特鲁斯·伯尔拉赫［Hendrik Petrus Berlage，1856—1934］：荷兰的“现代建筑之父”，同时又是传统与现代之间承上启下的人物，他的理念对许多荷兰艺术团体产生了重要影响。

再现了，而且其形式极为考究高雅。这些诸多关联也许一开始我们并不能说清楚，但能够感受得到它们的丰富。只需稍做观察就能知道，御苑具有极其明确的组织，随着它们之间的各种线索静静移动视线，就能理解这些组织。最能帮助理解的，是池畔停船码头的斜线。

和在其他停船码头经常可以看到的一样，为了方便上下船，小船一般是斜着停靠岸边的，而这里倾斜建造的码头，能将观赏视线引导至一丛茂密的杜鹃上。再向前，就是通往拜堂［园林堂］和四阿［赏花亭］的石桥了。其他部分的特质迥异于庭园的庄重、社交色彩，这种高度的对立在过去可说是不可忽视的，但这里人们只能感觉到无数的关联。只有从休息室前方的赏月外廊才能纵观整座御苑，欣赏到这前所未见的瞭望景观［正前方的斜面有一个灯笼，到了晚上会吸引萤火虫，从赏月外廊还能看到荧光倒映于池水之上］。相反的，天皇居所前方的庭院只在朴素的草坪上栽种了几棵树，从这里丝毫瞧不出造园技术的只鳞片甲。这一方面是对平凡日常生活的宝贵映射，另一方面也是为了不打乱朴素起居的安闲静寂吧。这里连一块特意挑选的山石都没有，并不存在任何“造园技术”的操纵。一切都让人不禁联想起德国种有草坪和果树的农庄。

桂离宫在艺术上能够如此朴素高雅，很明显是因为日本天皇居住于此。我从未在日本其他住宅庭院中，看到像桂离宫御苑这里一样完全不施“造园术”而建造的。然而桂御苑又有繁杂的部分，建在御用地内的另一端，所以从宫室方向是看不到那里的。若说这里的庭院都有其特殊的语言，那么那些繁杂的部分就像饶舌一般，对于居住于此的贵人来说确实过于吵闹了。这样的表现是独一无二的。即使是在日本，在那些经过深思熟虑、追求极致而建的富豪宅邸，也找不到这份独一无二。可能是因为他们大多都理解不来这种近乎道的趣味。

不过，御苑的那个复杂的部分又是怎么一回事呢？行至茶室［松琴亭］，若再向前去，人们就可以理解为什么说那里复杂了。首先进入眼帘的是青苔遍地的森林，一条小河流水潺潺，仿佛咏唱着田园诗歌。继续前行便能看见碎石遍地的河滩，这里让人感觉身处海边，又让人联想人迹罕至的内陆。向外突出的河滩上一只灯笼摇曳，更加深了这种时空错乱感。由此走入森林，可以看到茶会前的休息室。这里所设的四张长椅可以让所坐之人不必正面相对，能侧首观赏窗外景致。再往茶室前行却是一条杂乱的粗石小道，若说这条路是在欢迎来人，倒不如说它在劝退来人，说着“请好好考虑”。行至最后，一座长石桥架于水面之上，桥对面就是茶室了。茶室经过打磨的用材和自然木材之间的微妙调和，实难用笔墨形容。我感觉它的特色都由极为微妙的细节传递。比如说休息室的格子棂里嵌入的横木，使用了极为多样的加工材料和自然木材，也就是说单靠材料为建筑添“色”。从茶室继续前行的道路，是完成茶道后离开的道路。它像是公园中经常出现的散步小径一般，沿水而设，线条柔和，又有桥梁山丘，甚至在天然石下还巧妙地设置了排水口。至此所见的庭院

桂离宫

形式已经颇为完备，而且与拜堂[园林堂]、御茶屋[笑意轩]、靠近御殿两翼的大弓场相连。御苑中这些各部分之间的变化，组成了一个统合体。这里绝对没有任何烦琐的修饰，呈现的完全是精神层面上有机的美。这种美将我们的眼睛变成了思考的引线，双眼在观赏的同时，头脑也在进行思考。

不过在双眼欣赏过后，头脑的思考还在继续。而且我还会思考许多其他的日本庭院。银阁寺[1]的庭院到底是什么样的？银阁寺也是日本非常有名而且相当古老的庭院，但是我不认为其建造具有任何思路或是思想，只不过感觉它是绘画的各个部分的纷杂集合而已。若去仔细观察这一个个的片段，会发现它的一些地方总具有某些定式。比如说，堤坝突出的地方或是岛屿的边角总是放置一块山石，又或者小桥入口处必定种植一棵树。

银阁寺的作者是位著名画家，他的字画作品甚至同时被收藏于银阁寺中，所以我并不否认其整体的美。也许这座庭院的设计还吸

[1] 慈照寺，又经常称为银阁寺，位于日本京都府京都市左京区，属于代表东山文化的临济宗相国寺派。寺院创立者为室町幕府第八代将军足利义政。义政比照其祖父足利义满建造的金阁，在寺内兴建了观音殿，被通称为“银阁”，因此，寺院全体被称为“银阁寺”。该庭院是由造园名师善阿弥所建。

收了中国的技法，但恐怕这位作者也没有亲眼见过中国，因此他并不知道，中国建筑若没有巨大的空间为前提，其各部分的变化组合也不过沦为离奇怪异［这一点很多时候成了日本建筑的宿命］。遗憾的是，日本大众早已被这座庭院非常古老而又美丽的观念灌输，而且这也成了现在全日本流行的柔弱、浪漫式庭院的主要根源之一。在古庭院中，并不是每个事物都能找到其对应的意义和根据，因此人们也很容易地将“我信，因在此无理”的天主教信条移植到庭院上来，也就是“美丽，因此处无意义”。然而即便忽略这些奇奇怪怪的现象，要达到高度的朴素、优雅的品位，保持土地的天然效果也是很难的。小离宫修学院的御苑真正称得上是日本造园艺术的典范之一。它的建造实际困难重重，就像建造茶室，只有拥有伟大的建筑才能轻易做到。若以这个古典范例的标准来评判，近代庭院中经常出现的精巧细致，都让人感觉过犹不及，看过后给人留下了过于儿戏的印象。不过，日本的古典艺术也展示了许多其他的可能性，日本风格的作品也未必全是极尽抒情、纤细之作。我这里的阐述就止于修学院内庭，不过其绿篱小道、返璞归真的远景、纯粹的风光艺术都让人联想到英伦风的庭院，其粗线条的风格呈现出一种国际性面貌。僧房和同类型建筑之间有许多通道和连门，其中只有树丛、竹篱等是日本风格——其他的一切都有国际化的色彩。由此可以看出，日本人开放的性情自古以来就有所体现。

这些庭院形式与桂离宫、修学院离宫等建筑一样，都具有中庸色彩。正因为它们的风格在设计建造时注重天然，由此也可以想象与之相关的生活、人们之间相互的交流和态度是什么样子的。

看看修学院御苑里简单朴素，同时又展现工匠惊人技艺的木桥就能体会。而同样是在这座御苑内的另一座桥也会闯入眼帘，那座桥简直是用了难以想象的野蛮态度来进行装饰，在这原本非常协调的御苑内极为惹眼，仿佛一拳猛击你的双眼。这座桥也很古老[据说有100年]，但是可以说很丑。

第二篇

永恒之美——桂离宫

在拜访桂离宫之前，我已做了充分的准备。鉴于我这个外国人对日本的文化有着独到见解，在京都盛情招待我们夫妇的下村先生[1]特别准许我们参观了这里。换句话说，我们可以不用像普通游客那样“跟在导览人员屁股后面”走马观花，而是受到了可尽兴参观的特别关照。下村先生还让建筑家上野先生[2]陪同参观。上野先生是一位优秀的建筑家，他向我透彻地解说了日本悠久文化中的精神，我们两人非常意气相投。说起来奇怪，要想接触日本传统文化的优秀之处，日本人要走的程序比外国人繁杂得多。因此我越发感激下村先生为上野先生办理参观许可的良苦用心。

5 月上旬晴朗的一天，我们驾车前往桂村。车辆穿过了都市生活和田园生活交织的京都郊外。穿过田间，在开阔的山谷中有一片茂盛的树林，幽雅清静，那就是桂离宫及其园林了。

我们再次观赏到了樱吹雪的胜景。地面上堆积的片片花瓣恰似皑皑白雪。格子状的桃林仿佛铺上了一片绯红的绸布。如此美丽的

---

[1] 下村正太郎：大丸百货店总经理，故人。[作者注]

[2] 上野伊三郎：京都的建筑家。[作者注]

初夏，暖意洋洋。阳光已经有些炎热，好在肌肤感觉还很舒服，不像酷暑时一般热不可耐。

我们在树木嫩叶相映生辉的石沙小道上下了车。雄伟的正门映入眼帘！我们在门前伫立许久。青竹制成的清幽大门，宛如全新。紧邻大门的高竹墙阻隔着园内神秘的美景，深藏不露，却毫无压迫感。

同行的日本友人也唯有默默地伫立着。我说："这不就是真正的摩登吗？"两位朋友，一位是大公司的老板，一位是现代建筑家，脸上泛起幸福的微笑。

我们到接待处说明来意。在等待导览人员的同时，顺便在此附近随意漫步。从这里可以眺望到离宫建筑那极其简洁朴素的侧翼。在清澈的空气和明媚的阳光中，万物都散发出祥和的气息。一只亮绿的雨蛙正蹲在檐廊下的沙地里，享受着阳光和寂静，即使我们慢慢靠近也显得无动于衷。

我们被带到出入口的中门后停下。这里曾是达官显贵的落轿之处。在此，我们感受到的和刚才在墙外所见的景象并无二致。此处果然是名副其实的“摩登”。越过门去，出现了一条短短的小道。道路的两侧是修剪整齐的绿植篱笆，在路尽头的中间，种植着一棵小松树。透过对面繁茂的林间缝隙，可以望见一汪池水。“那个后面就是园林吗？”“是的，”上野先生回答道，“但是从这里，望不到一点日本园林特色的风景。”

上野先生接着说道：“不过再过一会，你们自然就什么都明白了。”

我们穿过中门，终于踏入了正殿的前庭。一开始并未看到被高耸竹篱笆遮挡着的入口［御舆寄］处。向前两三步后，铺石小心翼翼地蜿蜒着向简朴的御舆寄延伸而去。宽阔的入口简洁肃静，一尘不染，极具品位。在这里我们脱了鞋，先进入小间，随后进入大间［鑓之间］。在对面还连着一个宽阔的房间［古书院二之间］，站在房前宽阔的檐廊上，园林美景沐浴着耀眼的阳光展现在了我们的眼前。

月见台，意为在此可欣赏到池中出现的满月倒影。隔水相望，对面稍高的树丛中有一尊石灯笼。据下村先生说，在这样的月明之夜，灯笼的灯火会吸引萤火虫到来，萤火虫的微光会倒映在水面之上。

安谧宁静。时不时不知从何处传来阵阵蝉鸣之声，然后戛然而止。鱼儿欢快地在池中跳来跃去，扑通一声钻入池底。在小岛上玩耍的龟儿，龟壳的颜色已与岩石融为一体，难以分辨。

我们觉得直到今日才算是真正领略到了真实的日本。但是这里的一切，都是超乎理解的美——蕴含着伟大的艺术之美。每当邂逅精良的艺术品，总是不禁湿润了眼眸。我们在这神秘且谜团重重之境深深地感到，艺术的美已不单单是可见的形态之美，而是隐藏在背后的无限思想和精神。现在我们能见到的只是池中的小岛和岸边变幻无穷的左侧庭院，还未盛开的杜鹃花列和素朴的渡桥似乎限制了右侧的小小庭院展现真容。在靠近月见台的右侧有一棵松树，红彤彤的杜鹃花篱笆一直延续至此。

我们在此伫立良久，却彼此相顾无言。此时下村先生提议，不如先走出庭院，顺着池边绕行。

于是我们又回到了中门。在路的尽头，沿着刚才那条种植着小松树的小路的篱笆前行，经过一间田园茶馆风格的休息室后，便出现了一片茂盛的草坪，边上种植着数棵琉球苏铁，不过明显与这美景格格不入，一看便知这定是多年后补种的。踱过架于池上的小桥，便能听到一帘小瀑布如喃喃细语，应声而落。即便如此，这池景仍不失中正的雅趣。但是，一路走来，随着与对岸峙立的茶室［松琴亭］之间距离的拉近，田园诗般的景色渐渐发生了变化。令人浮想起惊涛骇浪海岸的粗石出现了。在海滩常见的圆石组成了一个小岬角，尖端处环抱着石灯笼，诉说着落寞。到通往茶室的石桥，一路上矗立的巨石，逐渐呈现出森然的风貌，似乎斥责欲前往靠近的人。这座桥的桥身是一块长达六米的方石，两端用硕大的石块支撑着。

于此我再次转身，返回柔和的田园诗演变成肃穆庄严的地方，在那里右望离宫，左眺茶室。上野先生说："现在我们正踏在决定性的转折点上。"

以前，参加茶会的宾客们走过这座桥，来到茶室固定的房间。这一切都是为了提醒宾客要集中精神保持严肃而建造的。茶会结束后，客人们从狭小的茶室出来，到了为宴会聚集而准备的宽敞房间。在拉开的移门之间能远望到小岛屿的池景、以殿宇为背景的成片树林。我们在这间屋子的檐廊上坐下，于是看到了刚才那帘洒落阳光的小瀑布，甚至还能聆听到落下的水声。我环顾着房间，不由得惊叹于对面的壁龛，眺望了许久。壁龛和隔扇都用青白二色的正方形奉书纸贴出了双色相间的方格花纹。如此巧妙的构思，我至今从未见过。若是放在别处，可能会被认为俗不可耐，但在此却有着明确的意义。这种看似不协调的设计，寓意着在这里能够眼见瀑布，耳听水声。两位友人也十分赞成这样的理解。

到达松琴亭的石桥

[布鲁诺·陶特画]

这个茶室丝毫没有宫殿应有的严格样式。茅草屋顶、圆形木柱、房子周围配置的石块等等，无一不散发着田园乡村的情趣。但是这一切都相得益彰，完美地融为一体。无论谁来模仿，必将东施效颦，贻笑大方。

因此，上野先生才说："一想到那些想要模仿桂离宫的人一拥而入，就觉得离宫还是不对一般群众开放显得更为妥帖。"

小径从茶室开始宛如公园的散步小路一般，沿着水路，越过假山曲折蜿蜒，穿过通向离宫书院的桥梁，就到了一处比刚才见到的更为宽阔的茶室 [笑意轩]。在茶室前面的水路，设有几处可供小船停靠的渡口。笑意轩也是农家风格的建筑，比松琴亭可容纳更多的人。这个茶室还带有厨房 [御膳组间]。

我们由此向御殿走去。一路前去，在左侧向后延伸的御殿堂的侧翼是日常居住的地方。但是在这里却完全没有体现出日式园林的建造技术。此庭院是一片周围种植着树木的宽广草坪。树木沿着弓形轨迹种植，靠近房屋的地方则保留了宽阔的草坪。这是在世界上任何一个地方都能看到的自然、单纯的方法。通往松琴亭的道路为我们呈现了富有哲学韵味的造园技术，然后是优雅的林泉延展开来，最后，从日常生活的起居室外的风景却完全看不出技术运用的痕迹。这意味着日本园林的独特元素在逐步减少。

沿着杜鹃花阵铺设的飞石道，划出一条直线来分割青草地的铺装石，勾画出房屋轮廓的檐廊石，都展现出了现代式的雅致。我奉劝日本的艺术家们，千万不要对茶室那些特殊的无法模仿的杰作下手，而是应该认真模仿这种样式。在那里，笔直的铺路石将草坪的青草和苔藓截然分开。铺路石通往房屋，雨水从屋檐滴落之处铺了一圈带状的小圆石。从圆石带向内，到房屋的基础部分都是三合土[1]。

桂离宫的林泉究竟有什么样的秘密？整个园林是根据三个完全不同的目的而设计的。首先，日常生活平淡无奇，庭院也偏实用风格，正是在这份平常中透显出精致。其次，禅宗思想的严肃形式

[1] 三合土：一种建筑材料。它由石灰、黏土和细砂组成，其实际配比视泥土的含沙量而定。经分层夯实，具有一定强度和耐水性，多用于建筑物的基础或路面垫层。

仅用于通往茶室［松琴亭］的路上，意在敦促来客须提起精神、做好准备。最后，从中门斜望园林的地方以及能够看到瀑布的田园诗式小桥，则看不到任何奇巧的哲学元素。

包括园林在内，符合上述结构的都被称为宫殿或离宫。欧洲的寥寥短句实在是无法贴切地表达出博大精深且含蓄的东方概念，眼下正是如此情形。欧洲所说的宫殿或城堡，也未必一定要规模庞大。无论是凡尔赛宫还是美泉宫[2]，都没有必须拥有雄伟侧翼或旷阔园林的理由。比桂离宫更娇小的优雅城堡也有许多。位于巴黎近郊的大特里亚农宫[3]以及后来的小特里亚农宫[4]都是很好的例子。

那么欧洲的宫殿和日本的“宫殿”究竟有哪些区别呢？欧洲的宫殿或城堡，即便规模再小，也融入了显示阶级的特征。宫殿的建设者带着对庶民阶级标榜自身拥有高尚文化标准的意图——在这点上，桂离宫也如出一辙。但是在欧洲宫殿中，宫廷生活与庶民生活的差距更是被反复强调着。当然，桂离宫也有宫廷生活的氛围，只

---

[2] 美泉宫：又音译作申布伦宫，是坐落在奥地利首都维也纳西南部的巴洛克艺术建筑，曾是神圣罗马帝国、奥地利帝国、奥匈帝国和哈布斯堡王朝家族的皇宫。

[3] 大特里亚农宫：位于凡尔赛宫的西北部，为路易十四和他的情妇蒙特斯庞侯爵夫人的住所，以及国王邀请宾客进便餐的地点。

[4] 小特里亚农宫：一个小城堡，位于法国凡尔赛宫的庭院。由昂热 - 雅克 · 加布里埃尔设计，18 世纪洛可可风格、新古典主义风格，系路易十五为他的长期情妇蓬帕杜夫人下令于 1762 年到 1768 年修建。

是在这里所体现出的差别，在旧世纪的欧洲看来完全不足挂齿。桂离宫比任何日本住宅都更具有优雅的情趣和优美的构造。但即使拥有这些情趣和优雅，也没有显示出那样天壤之别的差距。就算与欧洲最质朴的城堡相比，桂离宫仍然是最亲民的风格。

桂离宫在所有具有决定意义的点上，都如文字所描述的，比任何日本住宅还要简朴。在奢华的宅邸，无论是壁龛还是园林，都会有令人腻味的“有趣”构思，简直触目惊心。若是在普通的住宅中，则会显得趣味更加廉价或低俗。特别是饱含源自禅宗哲学元素的茶道和日常生活之间的界限常被抹杀得无影无踪，毫无痕迹。与之相反，桂离宫却让这两者泾渭分明。对于没有特殊需求的日常生活部分，追求极其自然、单纯的方法，因此整体显得淡泊安然。而另一方面来看，却使得带有哲学色彩的背景更加醒目，强化了区分两者的效果。我们四个人在桂离宫的园林和殿堂里结结实实逗留了四个多小时。要想在这里把大家的所见所闻、所感所想毫无保留地表达出来，实在是力有不逮，我觉得有必要另著一书细细道来。我隔着宽阔的檐廊，从连接月见台的房间［古书院二之间］，在心中描绘着古人在此面圣的情形。包括月见台在内，这间房间给在此等着觐见的人们带来了无尽的快乐，并让他们无不惊叹、赞美这结构的美妙。这片绝佳的树林风景只有在这些房间才能看到。隔扇上描绘的是当时的大师们的杰作，尤其狩野探幽[1]的作品更是力透纸背。从这里前往觐见之殿［中书院］需要经过右侧呈直角形的走廊。中书院一之间宽敞的一侧是壁龛，等待觐见的贵族坐于它的前面。面向壁龛的右侧设有装饰架，摆放着整个宫殿中唯一的金色装饰。

这里连通了最初建造的古书院和后来新建的新书院。在觐见之殿和新书院的侧翼之间有一间小巧的“乐器间”，从这里绕过走廊前往新书院的居室。这宽阔的走廊一半铺上了榻榻米，另一半铺了木板。这是非常独特的样式，甚至给人以现代日本的印象。但是在日本古典建筑中几乎看不到的特殊之处则是走廊外的窗户没有安装腰板。

[1] 狩野探幽［1602—1674］：京都人，原名守信，狩野永德之孙，孝信长子，狩野派代表画家。其吸收汉画［中国风格的绘画］技法，拓展画风，为狩野派其后300年的繁荣打下基础，人称狩野派中兴之主。代表作品有画于名古屋城、二条城、大德寺等处的壁画以及《东照大权现缘起》［绘卷］。

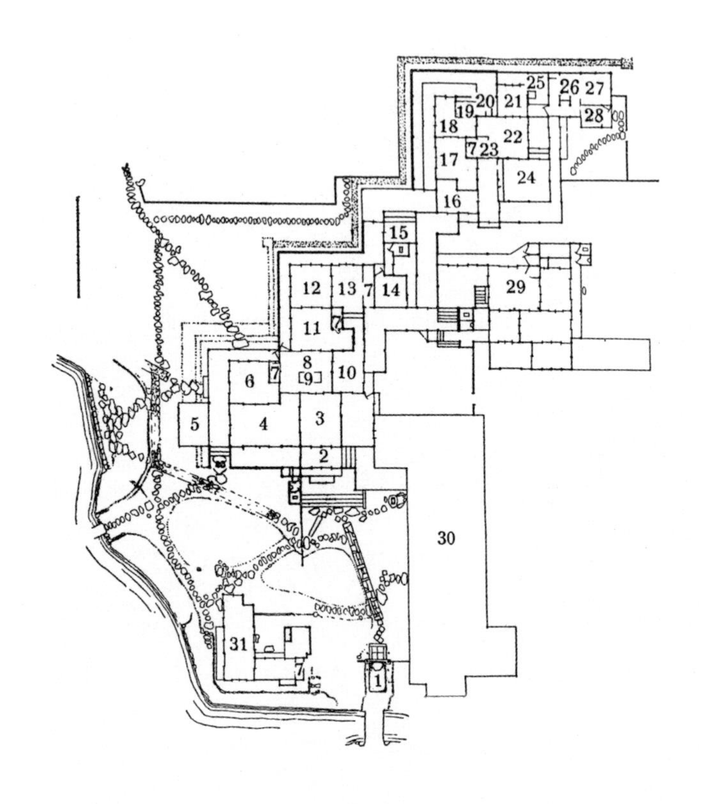

1 中门
2 御兴寄
3 铠之间
4 中书院二之间
5 月见台
6 中书院一之间
7 地面
8 围炉内房
9 炉
10 接待处
11 中书院三之间
12 中书院二之间
13 中书院三之间
14 女眷沐浴殿
15 乐器间
16 水房
17 新殿二之间
18 新殿一之间
19 上座
20 桂棚
21 化妆间
22 寝殿
23 剑棚
24 储藏室
25 洗手池
26 御东司［厕所］
27 沐浴殿
28 上岸处
29 旧役所
30 役所
31 月波楼

桂离宫平面图［二］

进入走廊后向右转，拐角处是亲王［或是在离宫暂居的内亲王］的书院［一之间］。但是在休息室［二之间］壁龛的侧壁上，设置了瓜形的通风窗，起到了极佳的装饰效果。在一之间，沿着付书院的宽阔窗户设有一段略高的上座区域。此处顶上的格子天花板涂了黑漆，格子板略向底面扩张开来。连接到付书院，上面的两端都装配了非常优美的大小架子［桂棚］。在此可以放置文房四宝、书籍、信函等物品。

从这里进入隔壁的卧室［寝殿］可以看到房间的一角约一张榻榻米面积的地面被垫高了。这里设有化妆间、御东司［厕所］、沐浴殿、储藏室，在寝殿隔壁的衣帽间里还配置了存放衣物的架子。所有这些房间和家具，都采用了极其实用的设计。离宫正面的各色房间，都将简洁演绎到了极致，并且表现方式极度低调，这些实用的房间也别无二致。只是这里的装饰元素大多都被省略，精致的审美追求极致高雅的协调。之前的各个房间中，未装饰绘画的隔扇都采用了单面金色底纹，这里的隔扇大多也使用了隔扇纸。无论如何，单凭

桂离宫：上座和桂棚

照片是无法准确传达这种风情的。隔扇纸那暗淡的金色透着一股沉稳而柔和的感觉，与壁纸的浮华不可同日而语。但是从照片上也可看出，隔扇的框架以及其他部分使用的物品，在建筑方面都显得非常低调。“这已是到达了简约而高雅的巅峰。”无论是隔扇的拉手，还是横木上的遮盖钉子的五金件，都犹如穿着简朴的美人身上唯一佩戴的首饰那样优美无比。

我返回月见台，再次来到庭院，从池上的小桥遥望台上的大型博风板[1]。这是建筑里非常重要的一部分，何况这款博风板太美了。这份美丽究竟出自何处呢？博风板和小屋檐与其他屋子的房檐一样，都使用扁柏皮制成，而且任意一处都呈左右对称状。但是在其下方，这种对称完全被打破了。正面没有中柱。月见台和博风板的位置完全非对称。通往庭院和渡口的踏脚石和铺石道也是斜对着博风板，连渡口本身也是与房屋呈斜线设计，右边种植的松树更是强调了这种非对称，但是非对称最突出的莫过于建筑物右角处的大片白墙。

[1] 博风板：又称搏缝板、封山板，常用于古代歇山顶和悬山顶建筑。这些建筑的屋顶两端伸出山墙之外，为了防风雪，用木条钉在檩条顶端，也起到遮挡桁［檩］头的作用。

犹如从建筑物中突然冒出一样，让人无法理解这是为何而建。但是这片墙和书房的墙之间，还是建造了通往月见台的优雅台阶。

“这样的设计如果用现代建筑的概念来表述，应当怎么表述呢？”我问同来的朋友。最终大家一致认为，这只能说是功能性建筑,或是为了迎合目的而建造的建筑。总体结构无论从哪个方面来看，部分都完美融合于整体，达到了部分或整体所需的目的。这个目的首先是方便日常生活的基本需求，其次则体现了尊贵大气，再者展露了崇高的哲学精神。但是这三方面被衔接得天衣无缝，真可谓是伟大的奇迹。

我早就主张，现代建筑的发展最重要的基础就是功能性。我想说的是建筑应当“在拥有所有优秀的功能的同时还拥有优美的外观”，这句话却常常被误解为单纯地追求实用性和功能性。在桂离宫这座古老的建筑中，毫无悬念地证实了我为构建现代建筑的重要基础而提出的理论。

我们趁在京都滞留的数日间的闲暇，又参观了其他几处古典建筑。这些优秀的艺术品和我们以前常见的、墨守成规的建筑有着天壤之别。我们还参观了京都御所。御所是举行登基大典的宫殿，因此根据其性质，无法建设得如桂离宫一般亲民平和。但是在单纯的氛围和低调的装饰方面，御所也同样如此。即便是举行登基大典的宫殿，和那些富丽堂皇的宫殿相比仍然显示了其朴实的特征，让人叹为观止。

殿前的庭院、走廊，以及衣冠楚楚、仪表堂堂的文武百官进出的各个房间都极其简朴。如此简朴的大臣食堂［殿上间］，恐怕是这世界上独一无二的吧。据说，桂离宫的建筑家［小堀远州］也参与了一部分的宫殿规划。

我们在参观了一些神社、寺庙后，还参观了修学院离宫。修学院原本是一分为二的大园林。在那个小巧亲和的庭院有天皇曾经出游的简朴殿堂［下述的茶屋寿月观］。虽然非常小巧，但不失优雅。这里的外墙都被涂成了红色，唯一的居室的墙也是红色的，仅有壁龛的墙是白色的。在这房间的前面，有一个流水潺潺的小庭院，那里种了一棵硕大的枫树。秋天的红叶，会映照在墙上那柔和的红色中。庭院的一部分铺满了白砂，踏脚石稍稍高过白砂。踏脚石的周围生长着漂亮的苔草，与白砂相映成趣。这样的优雅举世无双，令人印象深刻，园林手法史无前例。

如同桂离宫一样，我认为建筑物与大地直接结合的方法是构成日本建筑之美最重要的因素之一。在这方面，我对诸多神社寺院、神宫以及僧侣的居所——当然也包括一般的住宅——都进行了仔细观察。在我看来，日本人很少有向上仰望的习惯。因此高塔等建筑并不适合日本人。就连日本城池天守阁，也不免显得稚嫩儿戏，无法与世界上真正的城郭建筑相提并论。倒不如说日本人更习惯向下凝视。总之，日本人坐于榻榻米上，感受到了冥想的恬静环境，将这一精致的艺术形式体现在了地面上。这种艺术形式，越是接近房屋越是明显。［现代日本为了将冥想的宁静转换成具体的形式，对欧美的恶俗建筑进行了模仿。如果这些建筑师模仿这条雅致的踏脚石道或石阶，肯定立刻就会做出许多僵硬拙劣的赝品。]

修学院离宫的第二庭院[上御茶屋]就是按照园林的规则建造的，而且在庭院的边界还种植了稻田。树林几多起伏，林木和山丘之间有一汪池水，在最高的山丘上建造了素雅的茶屋[邻云亭]。看到这些，我能断定这个时代的人们也具有相同的精神。

我在茶屋前面，俯视带有一池碧水的庭院。又以此为背景，眺望连绵不断的京都群山。庭院和这些层山叠嶂已是浑然一体。从整体上看，这个庭院摆脱了狭隘的日本风情。缓缓起伏的草坪，修整得整整齐齐的篱笆，像极了英式庭院。特别是篱笆尤其漂亮。这里不只是种植单一的树木，更有阔叶树、针叶树等多个品种相辅相成。将茶屋所在山丘的斜面覆盖的美丽篱笆，犹如一袭绒毯一般。

但是向下望去，池上架着一座与周围环境格格不入的中式桥梁[千岁桥]，宛如在眼前挥舞的拳头一般让人惊骇。上野先生向导览人员询问这座桥的由来，据说是幕府时代，由京都的地方官员——所司代[1]为天皇建造的。果不其然，原来是出自将军的爱好。桥是由侍奉将军的高官们敬献给天皇的，结果将军却认为所司代的这种做法在政治上非常拙劣，命其剖腹谢罪。

与之相反，另一座轻巧的桥［土桥］又有着怎样的美貌？这座桥的栏杆，真不愧为木匠的精心之作。

当我们回到离宫正门时，看到了正在此等候我们的汽车，与这门、这墙基完美地融为一体。“不错，这就是日本的优点。在这里察觉不出一丝异国风情，也没有强行植入的不和谐感。这才是这个国土所拥有的永恒之物。只有这样，才能成为新时代日本的文化基础，也可以成为实际所需的基础。”

在京都滞留的最后几天，我们和日本朋友谈起此事。回想起修学院，桂离宫的建筑对我来说成了一个越来越大的秘密。桂离宫里完全没有的要素却在修学院里随处可见，而其最优秀的地方也在那里表现得淋漓尽致。桂离宫显得表里一致。但是在修学院里，无论

[1] 幕府职称，一般由世袭大名担任，是幕府在京都的代表。

是建筑还是庭院，都有为了向来客展示而特意设计的一面。因此，有些部分就会显现出不协调的欠缺。而且修学院离宫的建造也只比桂离宫晚了仅仅十年而已。也就是说，桂离宫是在1589年到1643年之间建造的，而修学院是在一年之中建成的。

那么桂离宫所拥有的独特品质究竟是从何而来的呢？桂离宫的优秀品质是任何一个具有良好修养的日本人都认可的。我想一定是有特殊的艺术才华赋予了桂离宫这样的精彩。一般认为桂离宫的建造者是小堀政一[1]。他居住在近江地区的琵琶湖畔，是侍奉德川家康的大名，担任远江守一职。小堀远州作为首位打破传统的园林建造者而远近闻名。另外，壁龛装饰的插花法的流派，至今仍使用他的名字，被称为“远州流”。对于他负责桂离宫的建造一事，虽然有些学者持怀疑态度，但民间依旧传说他是桂离宫的建造者。小堀政一除了几首汉诗之外，没有留下任何文字作品。我听到了几个关于他的非常有趣的传闻。相信正是因为他有着非凡的艺术才华，才能

[1] 小堀政一［1579—1647］：又名小堀远州，日本安土桃山时代至江户初期的大名、茶人、建筑家。备中松山藩二代藩主，近江小室藩初代藩主。

成就桂离宫这一日本文化的巅峰之作。这些传闻都和他的爱好、独特的思考能力和思维方式，以及敢于脱离旧习、开阔艺术视野相关。小堀远州是一位大名，他属于社会的最上层阶级，因此还是最高标准的权威。当然他也不是现代意义上的建筑家——整天面对制图机或是被承包商困扰的现代建筑家之流。听闻他在建造桂离宫时，提出了“不催工期”“不提意见”“不考虑费用”这三个条件，并要求事先获得许可。就算这不过是一个缺乏真凭实据的传说，也表明了当时成就这一建筑的宗旨。重要的是，桂离宫的建造从日本的艺术中去除了因误解中国艺术而产生的影响，并在净化的同时，将禅宗和由禅宗发源而来的茶道引入了日本的审美。这不愧为伟大的精神创造。而且桂离宫的建筑证明日本出现了一位伟大的改革家，完美地解决了这个课题。

希望在现代的日本能够再次出现这样的改革家！

即便现在的日本出现了这样的改革家，我也怀疑他们会面临远超小堀远州当时所处的困境。小堀远州既是大名也是当时权威的艺

桂离宫

术家。即使是现代最优秀的建筑师，想要与他平起平坐也非易事。何况在今日的日本，更是难上加难。但是他也为自己的地位付出了昂贵的代价。他身为一国大名的同时，也是建立江户强悍中央集权的德川幕府的高官。他除了担任伏见奉行[1]一职以外，还具有艺术家的本质；虽掌握了京都传统熏陶的“天皇的雅趣”的精髓，但对将军也是忠心耿耿——至少看上去必须如此。据传他是丰臣家的老臣，因德川消灭了丰臣，他将仇视德川的人藏匿在自己的领地，并安置在了剃度为僧的秀吉庶子的家中。

一面是在政治与权力的漩涡中挣扎，另一面则拥有艺术和文化的气息。小堀远州将这截然不同的两者——可谓是水火不容——集于一身，不得不为两者并存而费尽心力。作为艺术家，他为德川幕府尽职的同时，也尽善尽美地维持着文化的标准。在建造桂离宫的同一时期，也为德川家族建造了粗劣、浮夸的宗庙［东照宫］。在那样的时代，小堀远州除了把当权者的奢华趣味引入素雅之途，抵抗一

[1] 伏见奉行：幕府职称，负责伏见［京都的一个区］的民政与司法，定员一名，须由大名担任。

[2] 紫野：位于流经京都市北部的加茂川西面，这里在 16 世纪至 17 世纪聚集了许多工匠艺人，作为艺术之村逐渐繁荣起来。

[3] 大德寺：占地面积很大，建有 21 座塔，有茶室、日本庭院、隔扇画等许多史迹和文化遗产。形状为十字架的庭院中铺有大粒砂子和小石块，三块隔扇上的龙图、透空的雕刻等都很有名。

切的反对倾向，保持高雅的文化底蕴之外，别无他法。确实，他也对如此痛楚的妥协有所觉悟。他很清楚，许多同时代的人有理由谴责这种妥协。如果说桂离宫展示了极其现代的原理，那是因为在这里所展现的小堀远州的人格，即使经过了三个世纪的漫长岁月，也仍然符合现代的趋势。这样的人格，即使是在今天，无论身在何处也都必须忍受苦痛的斗争。而且这场苦斗并不随着他的离世而结束。其实，关于小堀远州还有一个未解之谜：为何桂离宫和这位巨匠至今未成为艺术研究的对象？可能是将军们发现和他们建造的城堡、神社、殿堂相比，桂离宫成了无言的批判吧。因此让桂离宫远离日本人的视线，仿佛不存在一样。但是他们终究无法将这位伟大的艺术家永久地沉入忘却的深渊。民间的传说和逸闻使他的形象栩栩如生，流传后世。

据说，小堀远州晚年闲居紫野[2]大德寺[3]处的孤蓬庵，这里完全符合他自己的爱好。我于5月5日[1934]和上野先生乘坐汽车

小堀远州墓［布鲁诺·陶特画］

拜访孤蓬庵，正要进门时，忽见一副印染着家徽的紫色帐幔。上野先生向司机询问缘由后，得知今天是小堀远州的忌日。于是，我即刻返回街市寻觅适合供奉在远州墓前的鲜花。之后我们再返回孤蓬庵，将火红的杜鹃花供奉于大门，请求拜访，不一会就被庵主请了进去。庵主至今仍自称小堀，款待我们在远州的居室[忘筌]品尝抹茶。

正是在这间屋子里，小堀远州创作出许多优秀的作品，直到1647年去世，享年69岁。这间屋子是日本的圣地。柱子和壁龛的落差，其他柱子、上门框的高度，没有任何变化。顶棚的木头纹理很是醒目，过去肯定不是这样。据说为了防虫，小堀远州曾用水泥浆将它们涂成白色。我还在这里发现了之前在日本从未见过的独特设备。这个房间朝西，然而这个方向在日本建筑中并不受欢迎。于是，他为了避开西晒的强光和炽热的暑气，在走廊外设置了中段的门槛，并只在上部装上可打开的透光的窗子，下部则听之任之。

孤蓬庵内收藏了多幅狩野探幽的绘画。还包含著名的茶室和佛堂，佛堂的隔扇上贴了远州妻子作的和歌。但是我却断定这间佛堂和通向佛堂的走廊并非出自远州之手。上野先生也同意。小堀远州的居室连接了三间中央供奉佛坛的佛堂，怎么说都是一大悲剧。这建筑有着繁多的装饰，恐怕又是那危险的“将军爱好”在作祟。相传这是在小堀远州之后，暂居此处的大名的作为。

我们还看到了远州肖像的挂图。他头戴冠帽，稍稍后仰，犹如沉睡般闭着双眼端坐着。大刀放在座位旁边，根据图上的赞文来看，应该是作战后凭几休憩，让灵魂暂时游走尘世之外。但是他本来就不是武将，所以这赞文恐怕还有更深层的意思，可能是寓意他将把困难的文化斗争进行到底吧。其实画上他的容貌早已说明了一切——虽然神完气足，但是嘴角却显示了一丝苦涩，仿佛在说“这是世间常事”。

然后上野先生和我在小堀远州的墓前恭敬地脱帽行礼。墓石两侧的石花瓶中插着我们带来的杜鹃花。他的墓碑和其他排成一列的墓石形状一样，光靠墓石是无法分辨的。

不久，我就要离开日本了。我们回到了高崎少林山的寓所。再度回味一下附近的风景，临时住所弥漫着的和谐气氛，长老一家始终如一的亲切感，以及大家给予的关爱，都铭记于心。

离别不易。

我们决定经由符拉迪沃斯托克［海参崴］，乘坐西伯利亚火车返回欧洲，但尽量不告知别人离开东京的日期和时间。即便如此，日本的友人们还是在出发那天来到东京站，聚集在列车旁与我们道别。手持帽子，一脸严肃的男士们站在月台等待列车出发。妇女们都依照日本的习惯，站在男士们身后。终于，列车驶离了这座最缺少艺术感的城市，进入拥有美丽海湾和蔚蓝大海的日本的“里维埃拉”[1]。这是日本向西行的异国友人最后展现它的魅力。

我们在日本已见过很多美丽的东西。但是随着国家现代化的发展，以及考虑到现代的发展趋势，总觉得日本正被什么灾难威胁着。正因为我们无比热爱日本，才对此更加感到痛心。不过，

---

[1] 里维埃拉［Riviera］：地中海沿岸区域。包括意大利的西北海岸和法国的蓝岸地区。

[2] 陶特与艾丽卡从1934年8月至1936年10月离开日本，这期间居住在高崎市西北面与少林山达磨寺相邻的被称为“洗心亭”的二居室民家。文中对在东京站别离的叙述写于1936年1月，乃根据想象所书，但犹如真实的场景一般。

就我们在这个国度接触到的人们那高雅的爱好、温厚和亲切的人品，以及谦和的态度所留给我们的印象来看，对祸害灾难似乎也不用太过于担心。

阳光普照，空气清透。透过车窗遥望富士山的雄姿，是我至今为止见过最壮观的一幕。山顶带着微微的积雪，在山峰嬉戏的浮云轻轻地在山脚投下阴影。从山顶到山脚勾勒出的线条竟然是如此优美。

这座山的美丽已无法超越，它本身就是一件艺术品，而且是大自然的杰作。车内的人和我们一样，都凝视遥望着它。仅有很少数的人对此视而不见。

我们谈论说，这就是日本，是最鲜明的外形表现出的日本精神。在日本仰视被誉为“国土之冠”的富士山，以及为其送上赞歌的人们，无论是否出于自然的流露，大家都一定对这座山在日本人的眼中所展现出的清纯向往不已。

在少林山内山散步的陶特与艾丽卡[2]

第三篇

不——沿着桂离宫的道路

和其他国家一样，日本的建筑也多少受到了外国的影响。但是即便如此，任何国家仍有自己的最高杰作，国家的特性在建筑风格上显而易见。不过对于国民或是建筑师来说，纯粹展现民族性的建筑未必是他们最感兴趣的。例如，日本人将民族性深藏起来，为了建筑的发展，更加注重吸收外国的元素。这方面不单单来自欧美，在欣赏古建筑时，能够深深地感受到中国建筑的庄重宏伟所带来的影响。而且，日本吸收中国文化的历史在很久以前就已经开始了。

但对作为外国人的我来说，在日本建筑中寻找优秀建筑的同时，关注日本风格的建筑似乎顺理成章，因此我对基于外国文化而建的建筑较为冷淡，更热衷、青睐有这个国家特色的古典建筑。当然其中也有许多过渡阶段的建筑。说到过渡阶段，最有特色的当属奈良。在那里，与佛教一同来到日本的中国文明，因新鲜活泼而很快地被接受了。在那里能够感受到特殊的氛围。而且，无论春日神社[1]给人留下了多么深刻的印象，比起那些规模宏大的著名神社、佛阁，

---

[1] 春日神社：今日的“春日大社”，位于奈良县奈良市奈良公园内。建于710年，建设者为藤原不比等。此神社是为当时的掌权者藤原家族的守护神而建造，神社内也因藤树而出名。此处供奉的神明包括武瓮槌命、经津主命、天儿屋根命和比卖神。

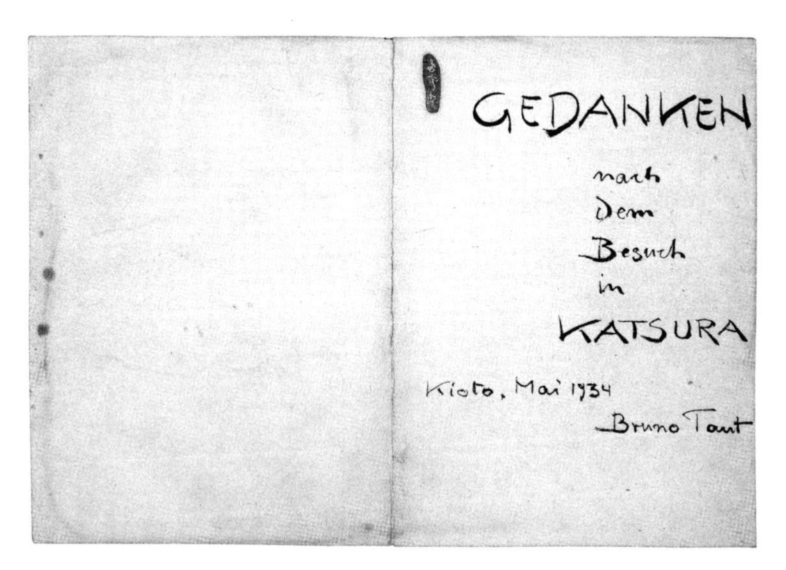

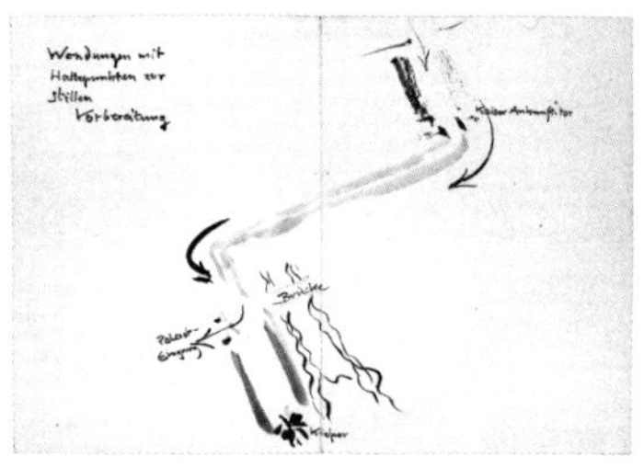

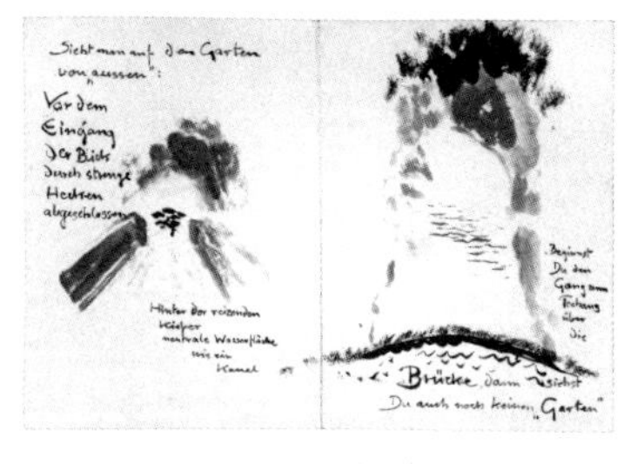

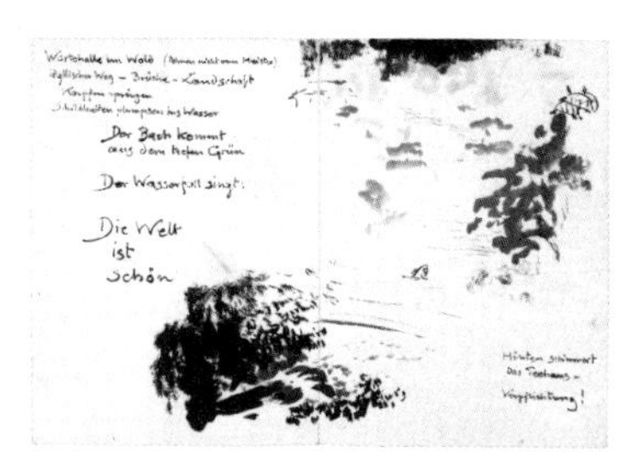

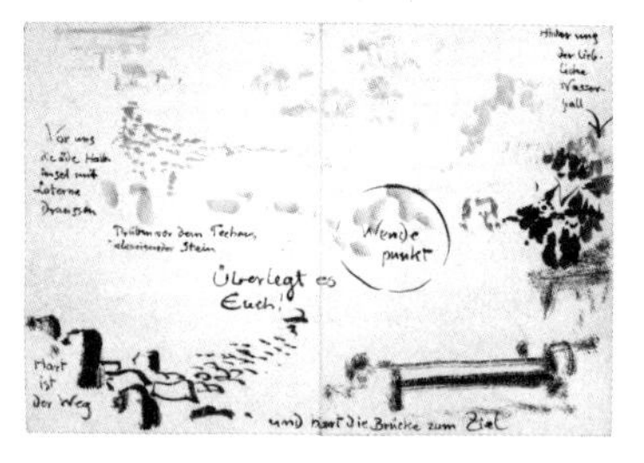

《画帖桂离宫》[1] [布鲁诺 · 陶特画]

---

[1] 《画帖桂离宫》，1981 年纪念陶特诞辰 100 周年，岩波书店出版，德文原标题是：GEDANKEN nach Dem Besuch in KATSURA。

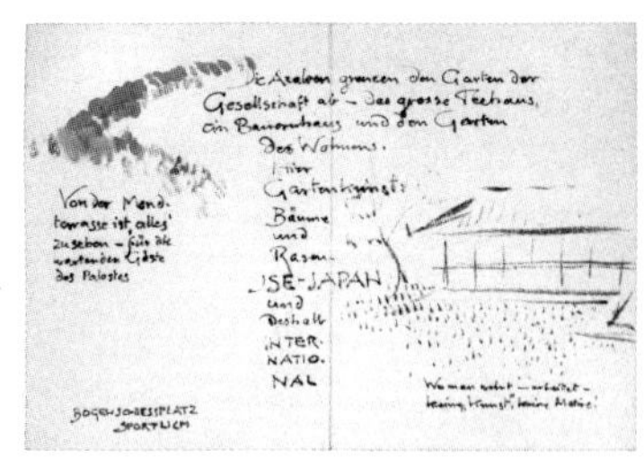
Die Azaleen grenzen den Garten der
Gesellschaft ab – das grosse Teehaus,
ein Bauernhaus und den Garten
des Wohnens.
Von der Mond-
terrasse ist alles
zu sehen – für die
wartenden Gäste
des Palastes
Bäume
und
Rasen.
ISE-JAPAN
und
Deshalb
INTER-
NATIO-
NAL
SPORTLICH

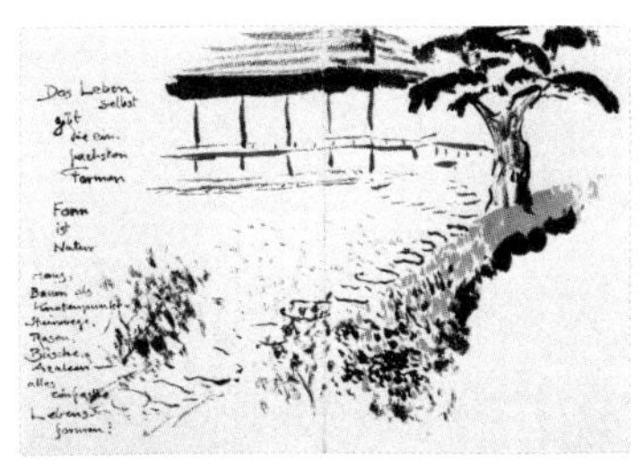
Das Leben
selbst
gibt
die einfachsten
Formen
Form
ist
Natur

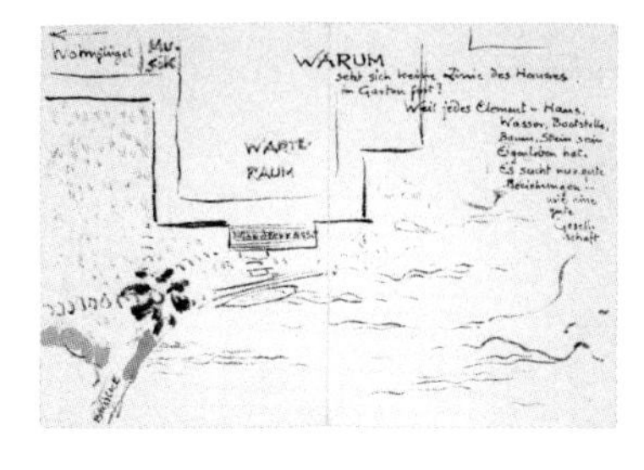
Wohnflügel
MU-
SIK
WARUM
setzt sich keine Linie des Hauses
im Garten fort?
Weil jedes Element – Haus,
Wasser, Bootstelle,
Baum, Stein sein
Eigenleben hat.
Es sucht nur gute
Beziehungen –
wie eine
gute
Gesell-
schaft
WARTE-
RAUM

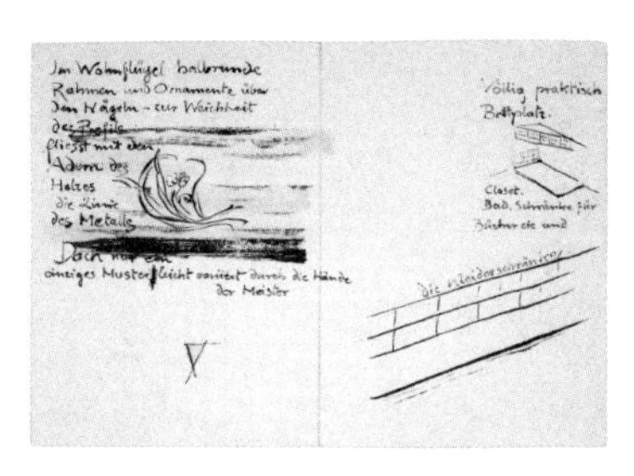
Im Wohnflügel halbrunde
Rahmen und Ornamente über
den Nägeln – zur Weichheit
des Profils
fliesst mit dem
Adern des
Holzes
die Linie
des Metalls
Doch nur ein
einziges Muster leicht variiert durch die Hände
der Meister
Völlig praktisch
Bettplatz.
Closet.
Bad. Schränke für
Bücher etc und

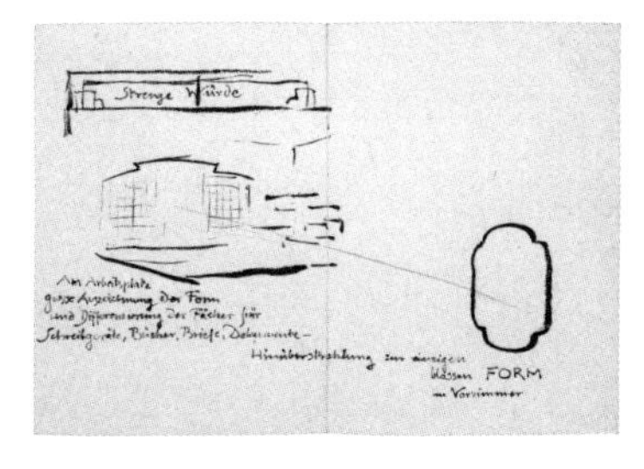
Strenge Würde
FORM
im Vorzimmer

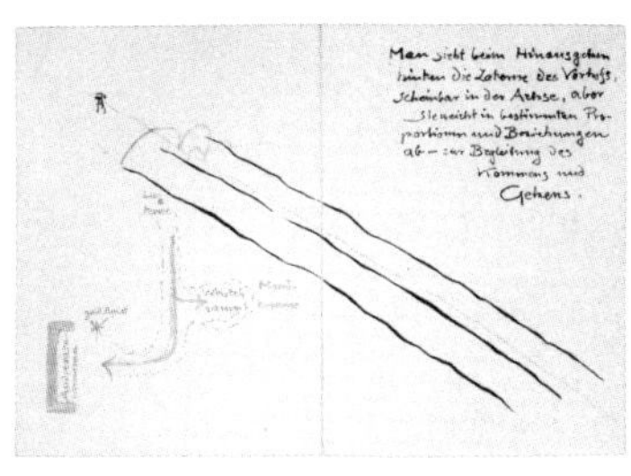
Man sieht beim Hinausgehen
hinten die Laterne des Vorhofs,
scheinbar in der Achse, aber
sie weicht in bestimmten Pro-
portionen und Beziehungen
ab – zur Begleitung des
Kommens und
Gehens.

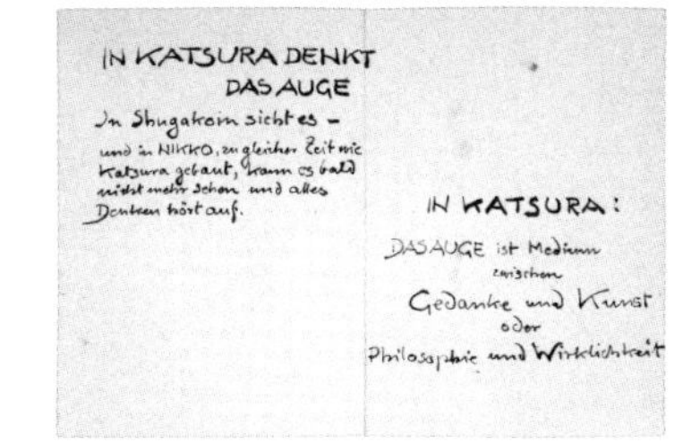
IN KATSURA DENKT
DAS AUGE
In Shugakoin sieht es –
und in NIKKO, zu gleicher Zeit wie
Katsura gebaut, kann es bald
nicht mehr sehen und alles
Denken hört auf.
IN KATSURA:
DAS AUGE ist Medium
zwischen
Gedanke und Kunst
oder
Philosophie und Wirklichkeit

和它们在同一城市的小神社、新药师寺[1]和十轮院[2]，甚至街边居家院墙间的美丽石板道、街道深处幽静广场里的寺庙，尤其是二月堂[3]、良辨杉[4]下的建筑，更令我感触颇深。

奈良也好，京都也好，乃至其近郊的各类建筑物，以及传承了相同风格流派的镰仓，看日本处理中国佛教影响时的纤细和独特的自我发挥，都非常有意思。将这些运用到极致的当属法隆寺。这一切——在日本各处大饱眼福，目光最终汇集到了日光东照宫[5]——丝毫没有堕落为生搬硬套外国元素的集合。桂离宫以及建于同一时期的日光东照宫，最终决定了日本建筑的特质，我相信抱有这种看法的绝不仅仅是外国人。

日光东照宫让外国人惊叹的是它连地板都涂上昂贵漆的大型神社、寺庙以及无数的雕像，其实这些在世界各地都有。把中国、暹罗、印度、爪哇、阿拉伯、埃及、土耳其、俄罗斯、意大利、法国、奥地利、德国、比利时、英国等地的名胜在脑海里回顾一遍，无论日

[1] 新药师寺：位于奈良市，创建于公元 747 年，是由当时的光明皇后为祈祷圣武天皇的眼病能早日康复而下令兴建的。寺院信仰的中心“佛”是一尊近两米的“药师如来”坐像。另外还有十二尊塑像站立在“药师如来佛”坐像的周围，像是伺候着“药师如来佛”，他们被称作“十二神将”立像。

[2] 十轮院：位于奈良寺内，根据寺内记录记载，寺庙由元正天皇发愿建造。

[3] 二月堂：位于日本奈良东大寺大佛殿东北的山腹。号羂索院。系举行修二月会而兴建的堂舍，故俗称二月堂。

光东照宫拥有怎样的名胜，都无法和举世闻名的景点相提并论，若是为了这些特意来日本，未免有所不值。相反，桂离宫则与其有着天壤之别，是世界上独一无二的。这便是纯粹的日本，而且这纯粹的日本和日光东照宫是在同一时期建造的，也着实令人惊叹。那是因为日本在当时充分理解了来自中国和朝鲜［还有一部分是印度］的压倒性的影响，有能力开启一个新的文化时代，确实是世界性的伟业。但是小堀远州是如何完成这一伟大的工作的呢？我在大德寺[6]［孤蓬庵］他的墓前肃然伫立，并仔细地参观了他的故居。我认为在那里，纯粹出自小堀远州之手的只有一个房间，那就是他的居室。那个房间极其简洁朴素，无与伦比。壁龛上的横梁没有隔扇的上门框高，壁龛的柱子也没有使用特殊的木材，可说无法更精简朴实了，这种结构就我所知的仅此一例。尽管如此，这个房间却具有完美的协调性，而且门口还展现了在任何一处都未见过的独创性，那就是安装了稍稍高过头顶、可向下打开的纸窗。在这间房内，一览无余地诉说着一位男士如何在此

---

[4] 良辨杉：良辨为日本华严宗的第二代祖，传说他刚出生不久，母亲在田里务农，一不留神，儿子就被雕叼走，挂到了二月堂前的杉树上，此杉树即得名良辨杉。

[5] 日光东照宫：创建于元和三年［1617］，位于日本栃木县日光市的神社，是东照宫总本社，主祭神是东照大权现［德川家康］。日光东照宫和久能山东照宫、仙波东照宫并称为"日本三大东照宫"。

[6] 大德寺：创建于日本镰仓年间［1325］，位于今京都市北区，是洛北最大的寺院，也是禅宗文化中心之一，其中尤以茶道文化而闻名。

思索磨练出了人生最成熟的时期，并在这片沉寂中找到了将日本建筑从离奇的伤感影响中解放出来的信心。为了现代日本建筑的发展，我们有必要深思在怎样的生活条件下才可能创出如此成果。为了永无止境的客户拜访，为了在咖啡馆的闲情逸致，为了美酒相伴，为了繁忙的商务往来，建筑师们没有闲暇反省自身，变得和银座的商人一般——我们无法希冀这样的建筑师能与300年前的小堀远州一样,对建筑有着推陈出新的创造。日本迫切需要能胜任这一使命的人，但除非能赋予他们和小堀远州相同的生活条件，否则还需要等待很长的一段时间。小堀远州曾是一位大名。在剃度隐居、建造桂离宫时，他提出了三个条件：一、在竣工前，建筑的主人不得查看建筑；二、不得限定竣工的日期；三、不得限制费用。如此造就了此世最简洁、在精神上精雕细琢的桂离宫建筑和庭院。这就是日本的古典艺术。

当时出色的创造精神至今仍未消亡。日本还保留着太古时期以来的建筑。如果拿两千年来影响西洋建筑的雅典卫城来做比喻，那么日本的“卫城”依然健在。而且伊势神宫，特别是外宫，并没有像卫城那样成为废墟。因每隔20年都会迁宫重建，故而展现在日本人眼前的永远是光鲜亮丽的建筑。这是在世界其他地方都无法看到的。世界上任何一个国家在材料、结构和平衡方面，都无法保存得如此纯正。日本人将伊势看作国民圣地，而日本的建筑师将伊势视为建筑的圣地加以崇拜。这种美丽靠画卷是不足以表达出来的。世界上的建筑师都应该来这里朝拜，因为这是日本完完全全的独创设计，它的美丽堪称世界性的杰作。而且，外宫的确也是神祠建筑。

日本只在伊势才有真正的古典建筑。它们没有和任何一个建筑师的名字绑定在一起，宛如众神所赐之宝。日本还有小堀远州这位以伊势精神为奠基，最早对日本建筑进行改革的伟大改革家。日本何时才会出现能成就如此伟业的第二人呢？

日本的现代建筑，对于参与其中的人员来说，无疑是个很大的惊喜。现在活跃于日本的建筑师们大多有在德国、奥地利、法国、英国、美国等地游学的经历，熟知外国最新的成果。在这点上，外国人几乎无法向日本人展示什么新的方案。现代日本的建筑师中，不少人有着敏锐的感知能力，在日本现代建筑展览会筹备之际，摆脱了对孟德尔松、柯布西耶、格罗皮乌斯、密斯·凡德罗等名家的盲从，这样的做法在西方是难得一见的。在西方，固有的主义、主张一旦被摈弃，取而代之的则是杂乱无章的无根之论。日本这些新的成就，从日本人固有的天赋来看是理所应当的。现代建筑的根基在于材料的简朴、明确、纯正，这与日本古代建筑具有同样的特性。因此西方建筑师要在自己的国家保住工作，就不得不向日本学习，都会想到依赖日本。事实上，日本的这一特色为世界做出了巨大的贡献。好比说，日本贷出资本，若是不关注利息，也就是说，关注外国的成果却不想着自己如何从中获益，那么就会是拙劣的商业交易。实际上，在国外近代的成果中，有不少建筑若是放在日本，无疑能让日本受益良多。同样，日本也有一些并不理想的建筑，反而在别的国家更加合拍。至少上述的西洋建筑很多都具有和日本同根同源的特性，极为相似。若要在此基础上建造纯粹的日式建筑，只需要考虑适应本国的气候和风俗习惯即可。因此即使是彻彻底底的日本人，也无须担心会丧失自己的根本特性。所谓国民性的力量，越是见多识广，越是不怕丧失国民性，反而会变得更加强大。日本人的国际性必定能使日本的国粹免于堕落。

现代日本优秀的作品并不强求日本式，这一点非常好，这才是真正的日本风格。与传统建筑完全没有联系的方面，其建筑并没有固守日本的思维。比如，现代的别墅、饭店、学校、邮局、车站大楼等等。但是这些与在桂离宫我们所见到的一样，都是根据条件明快地规划建筑、选择结构，并根据其特殊职能选择使用现代的材料。在这方面，负责通信事务的各政府机构的建筑树立了良好的典范，这种现象令人羡慕。抗震结构越来越受到重视，例如除了采用大型、厚重的钢筋混凝土结构以外，还有优秀的抗震木造建筑。这样的建筑师不但擅长现代建筑，同时也精通传统建筑。这样的事只有在日本才可能发生。这是因为日本的古代建筑和近代建筑在结构上并不互相矛盾。这些建筑师在建造传统住宅时获得了新的启迪，从而避免了对现代形式的盲目追随。当然这仅仅是针对现在仍在建造的传统住宅而言。寺院建筑犹如当年的希腊式圆柱建筑一般，已退化成了教权的形式附庸。从抗震性这点上最能一目了然。圆柱与连梁，本质上与希腊圆柱和横木一样，直角相接，通过楔子起到抗震的保护作用。在这些寺院的圆柱中，唯一的现代要素就是类似摇摆柱的部分。但是，除了五重塔的摇摆柱，古代建筑物也确实没有其他的抗震设备,最多也就是选用巨型木材制成巨大的屋顶,在寺院崩塌时,让屋顶像个盖子那样罩在佛像之上而已。镰仓的建长寺在经历大地震后，佛像毫发无损，想必就是出自这个原因了。

与之相反，极其古老的茶屋及桂离宫的支柱横截面，都被控制在最小限度内，即便是现在的木造建筑也无法超越它的轻巧和简约。

就隔墙和出现在通往入口的林荫道上的大线条而言，古老的日本在这个领域和庭院一样，给现代建筑师以重要的依托，就无须再像古代从中国借鉴一样，求助于美国了。

这纯真的日本精神延续至今,还能在一些现代事物中追寻到踪迹。公园内的桥是用镀锌铁丝建成的吊桥，非常轻巧且简洁。另外，法隆寺的尼寺也是一样，寺院改造工地前的钢管支架也与古老的建筑相协调，无疑也是一个体现。在横跨东京隅田川的大铁桥、箱根机动车道的侧面隧道、大阪中央市场的竹编护檐等大规模的优美设施上，大致都能看到同样的效果。但是从这个市场的全貌来说，即使不向古代的中国或美国借鉴，纯粹的日本传统打造出的巨型设施也能够展现出雄伟的气象，这就是一个很好的例子。这里通过彻底解决功能问题催生出了规模宏大的形式。这种形式的方方面面都符合严密的建筑科学，现代生活和纯日本氛围的完美结合，衍生出无数的绘画景象——这对现代画家来说是极好的题材。一些大型宾馆虽为迎合外国人做出了让步，但仍保留了人性化的温馨感，另外［与东京的帝国饭店相反］宽敞的空间令整体一目了然，具有开阔感，却不失某种亲切和高雅。而且即便是在一些不起眼的地方——例如奈良的铁道酒店——也都具备这种特色，不得不让人视之为日本独有的产物。在近代的浴室、学校建筑等上都能找到类似的例证。学校建筑虽然弥漫着现代教育制度的气息，但是校舍内部，特别是教室和走廊，都非常均整，日本木造建筑的传统对人类，特别是儿童的平衡调和是极其成功的。这样的成功在西方近代的学校建筑中难得一见。大讲堂的窗户整整齐齐，和对面新建造的日式木造建筑相映成趣，让我感动不已。这种形式有时也应用在了现代的设施中，如大阪地铁出入口。在大阪能够看到这样的景象：一些老民居，哪怕是年代久远的古刹，都显得和现代建筑完美和谐。连最优秀的现代建筑师［密斯·凡德罗］都无法攻克的课题，在这里却找到了答案。同时与传统相关的部分，都体现了色彩、绘画、雕刻的正确运用，壁龛就是最典型的代表。

桂离宫

像京都和大阪之间，气派的机动车道与无限风光完美结合，算得上是日本典型的成就。在这里，车道正中间保留着古树，这归功于并不墨守成规的土木工程师。在日光东照宫的上方，沿着连接两处湖水的瀑布川流铺设的蜿蜒公路，简直就是山峦中优美道路设施的杰作。汽车多次靠近瀑布，在其他几处，特别是在蜿蜒处还能看到一望无垠的湖水。

东京的新建道路的结构也是如此，虽然有些地方能看到巴黎的影子，但毕竟这是东京，不免有些遗憾的感觉。换句话说，建设者只看到繁荣的景象，未能考虑到街道和巴黎都市壮丽风景的和谐这一潜藏的典型特性，确实有些遗憾。里沃利大街[1]长达数公里，街边建筑物的正面和柱廊完全一致，其中有卢浮宫百货店、卢浮宫大酒店，以及其他各类公私事务所和私人住宅，它并不是极端的整齐划一，而是富有雅趣的协调一致，这对于全世界乃至日本的首府来说，都是当之无愧的典范。保护东京宫城周边地区的法令避免了最坏的

[1] 里沃利大街是巴黎最著名的街道之一，被称为"一条充满时尚气息的商业街"。

状态。但要解决建筑的风格问题必须和这样的法令相结合。仅靠强制命令，只会使得大家都去追求欧式仿古主义建筑，并不能使问题得到改善，反而会陷入僵局。万一建筑师缺乏展示现代精致构想的才能，至少可以要求其让建筑和其他各方面具有一般的鲜明和质朴。但是在东京的商业区，也有一些加入了平实、鲜明和朴素等日本国民性元素，中规中矩的建筑。

在东京市内有中产阶级的独栋别墅住宅街区，成排的篱笆、设计巧妙的街道，完全可以和英国班斯特德这样一流的郊外田园都市相媲美，这确实令人高兴。东京的近郊有各类面向中产阶级销售的社区，只有在这里才有深深融合了日本农村特色的建筑，只不过外墙和入口缺乏情趣。但它们仍然是值得关注的成果，特别在呈现日本建筑的优点这一方面。我还看到过许多房型相同的小房子并行排列，极为朴素的工人阶级的街区，和周围风景也很契合。在公寓式建筑中，经常有将盆栽引入建筑物的案例［在横滨，别具匠心的日式公寓的露台上还设有种植花草的空间］，这完全是日本传统向近代迈进的一例。

与德国、英国和荷兰相比，这些尝试性的、极其简朴的集体住宅设计，还未展现出较大规模的都市规划元素。主要是这样的建筑所伴随的生活方式需要很长时间才能在日本人中稳定下来。这种未来的生活方式也是日本现在面临的最困难的问题之一，当然，其他方面的影响也很多，从这个理由来看，采取慎重的态度也是非常正确的。虽说如此，整顿贫民街区时，将新式的分层建筑引入贫民街区，如今已成为无法忽视的都市规划上的问题了。分层建筑的建设，主要应当从经济的角度出发，慎重地进行。但是正如德国在 1924 年至 1930 年所做的那样，今天建设的各个街区，目标着眼于今后统合为一体的话，将来也可以拥有大规模的综合设施。这样不仅能使建筑形成集群效果，如果浴室、托儿所、会议厅等公众设施能妥善设置，被分层建筑内的居民频繁利用，也就有了实际的经济效果。我认为，在宏观角度出发建造集体住宅，对日本来说已经迫在眉睫。

在西方［英国、荷兰、德国］已经有很多用于财政和管理上的组织形态的范例。日本人虽然被夸张地形容为人人都有洁癖，将独栋住宅打扫得整洁干净，但是分层建筑的庭院却被弄得脏乱不堪，这是很不可思议的。

分层建筑的管理员为了阻止醉汉和儿童的吵闹、恶作剧，不断发出警告，但是和西方优秀的设施相比，这里不但建筑乏味，连管理上都犹如美食缺乏“胡椒和盐”，索然无味。如果在所有的细节上——例如色彩、装饰或至少选择不会和风景相悖的材料，将后院建成花园或运动场等——更加深思熟虑，对居民起到教育感化作用，也能减轻与那些毫不关心自身居住环境的居民斗争到底的管理员的负担。从我的经验来看，最好的办法就是让居民组成关系亲密的团体，自己成为团体的一分子。

这样的集体住宅才是大规模城市规划真正的基础。在日本，大规模的道路建设是由监督机构对建筑预留地进行总的街道分配，根据

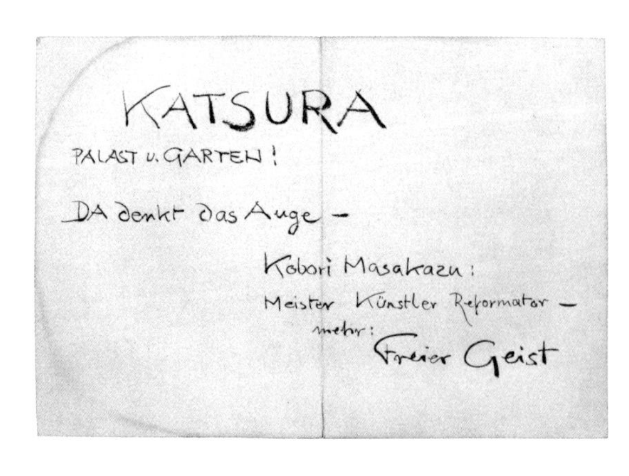

《画帖桂离宫》
［布鲁诺·陶特画］

分配再建造住宅。西方的大型集体住宅地则恰好相反，监督机构只对主要交通道路、住宅高度和建设密度进行规定，其他的一切都由建筑师定夺。建筑师们组成几个小组，在一个人的统率下进行集体住宅地的建设，将住宅区中所需的住房、后院、庭院、街道作为一个整体来设计，甚至决定了房屋的形状和色彩。只有通过这样的合作才能获得最佳的立体模型图。这对日本的分层建筑来说是当务之急。因为比起单纯的楼梯式来说，单侧走廊和通往居室的露台式入口看起来很简单，其实非常重要。与此相反，为中产阶级建造的公寓更偏好设计单独楼梯。 虽然居民对于庭院的整洁缺乏关心让人诟病，但不得不承认这仍有其优点。为了矫正饮酒的恶习和其他不良习惯，管理员借助了孩子的力量，特别是东京的某位福利管理员，将各个家庭几代的成员信息都记录在卡片上，让居民对自己的家族产生荣誉感，实为典范。

但是作为国内问题，都市规划具有重要的意义。东京和横滨这样的城市渐渐形成一个统一体，此外京都和大阪间的大型机动车道

桂离宫 · 乐器间［中央］

也将为在这一地区引入新型住宅创造条件。对于反对建造现代摩天大楼的城市，大阪到神户之间的地区也有可参考的价值。

神户市因其地形，将扇面作为城市标志。神户与大阪之间的地区先是海岸和山峦，之后延续成为平原，地理位置优越，具备成为近代大都市的有利条件，而且在水陆交通方面具备无与伦比的优势。因靠近森林和山岳，还可以开发成得天独厚的疗养胜地。由于能够远望六甲山和其相邻的山脉，景色犹如豪迈的全景立体画，建筑条件也极其优越，能够建成世界上最美丽的城市。但重要的是，为此必须要汲取最现代、最新的城市规划研究成果。在德国，土地规划的伟大研究主要通过鲁尔矿区住区联盟 [Siedlungsverband Ruhrkohlenbezirk，简称 SVR] 获得了国际认可，逐渐扩展到英国和美国，我相信通过这个研究，日本纵贯全国的大规模道路建设也会实现。

而集体住宅的建设问题对于岛国日本来说也具有同等重要性。特别是通过解决这个问题，谨慎派常抱有的疑问——也就是单靠功能主义能否建造出中看又中用的建筑也得到了解答。在桂离宫，我们不但见识了建筑的精神层面，也看到厕所、厨房等设施的设计都远远超出了露骨的实用主义范畴。因此当建设集体住宅时，没有任何建筑上的问题,所有的前提都和其他建筑一样,由建筑师完成的话，也必须超越单纯的实用主义。例如，在集体住宅中，建筑物的宜居程度不仅与各个住宅有关，还涉及庭院、园林，甚至数千座住宅组成的整个区域，即令居民和来访者都感到舒适。 因此，对建筑师来说，这成了现代最艰巨的艺术任务。于是建筑师就可以将纤细的感觉和对真理的热爱无限地倾注于其中。至此，将军热爱的无意义的、缺乏文化韵味的单纯装饰渐渐消失，留下的空白可以发挥其应有的功能，展现纯日本的天皇文化。

日本在集体住宅地建设的某些方面踌躇不前，确实是一个最大的问题。正如前面所论述的，必须从现在开始解决新的、长久的生活方式问题。但是由于建筑在这期间也不断被建造，因此对于所有的问题，建筑都会牵涉其中。我在本书中涉及了很多不一定属于建筑的内容，其缘由也在这里。

无论是衣、食、住哪一方面，日本人的生活方式几乎都表现出日式与西洋杂糅的双重色彩。且不说别的，光是国民难以承受长期维持这种生活的经济负担，这个问题就必须尽快加以解决。而且我相信，这个问题的核心便是住宅。日本的小孩子在学校和西方的孩子一样，坐在长椅上。这样一来，新生代必然缺少了跪坐在传统榻榻米上那样的肉体训练。这一代人无论对传统多么敬畏，也还是喜欢坐在椅子上吧。学校的制服也有这种趋势。日本料理使用了西方的蔬菜、水果以及烹饪方法，那么饮食也会朝着这样的方向发展［日本有许多人牙齿不好，究竟是传统的日本饮食问题还是其他什么原因，我不得而知］。只要有资金，还可以在原有的日式房屋旁边建造欧洲风格的住宅。也许这表达了一种纯洁的文化信念，但不是解决方法。

我们在法隆寺的僧院办事处看到过一张高大的桌子和椅子，与

桂离宫

日式房间非常和谐。而且在现代剧的舞台上也时常出现与此相似的场景。日本的气候潮湿，在炎热的夏天需要将房子完全开放，因此照搬欧式的住宅不是长久之计。总之，要寻求新旧结合的新方法。在这点上，三井男爵尝试使用近代的座椅风格来改变茶道的模式，我对此很感兴趣。他的房屋以及家具的制作上显示出了最好的日式手法。京都的藤井先生设计的中产阶级房屋也是如此。他想在日式的拉窗和玻璃的开窗之间做个折中，在我看来确实是成功的尝试，这种尝试在横滨的某些公寓里也能见到。对于高大的椅子，日本传统中也有良好的示范。例如，颇具弹性的大名椅子，实际上是马塞尔·布劳耶[1]创作的包豪斯椅子的原型。尽管其他有教养的人和建筑师有时会进行非常值得关注的尝试，但仍有一件事尚未解决，那就是国民的大众阶层，即大多数日本人将来应该怎么做的问题。举例来讲，特意建造寝室对于中产阶级来说已是入不敷出，那么对工人阶级和农民则更是无稽之谈。即便是摆出种种理由来证明寝室在

[1] 马塞尔·布劳耶［Marcel Lajos Breuer，1902—1981］：国际式建筑最有影响的建筑师之一。1920 年他来到德国，成为包豪斯学校的第一期学生。1924 毕业后任教至 1928 年，马塞尔·布劳耶成为当时众多设计大师中最年轻的一位。在这期间他更有机会进一步发展并突破他以前的设计思想，同时他结识了格罗皮乌斯、密斯、柯布西耶等设计大师。布劳耶在家具设计领域的才华令所有同仁敬佩。

保持家庭卫生上不可或缺，注重整洁的日本家庭也依然会延续自古以来的风俗。有时甚至连有教养的欧洲人也不得不在同一个房间内起居和就寝。这个问题在某种程度上可通过美式公寓的折叠床来解决。在日本，保持家庭整洁都是妇女的工作，而她们已经习惯通过忙里忙外来解决问题。日本还有许多这样的问题，然而他们都已经习以为常了。而且上流阶级会雇用许多人来解决。现代生活中，物质上的发展远远领先于思维的改变，这方面还要继续进步。日本为了配合座椅的变革更换地板的材料，将榻榻米换成漂亮的日式木地板，但为了减轻主妇的工作量，想必他们还是会保留入室脱鞋的习惯。如果能继续保持这样，也未必一定要使用美式折叠床了，可以将草垫或是弹簧垫一同收入壁橱,需要时直接铺在木地板上。问题是，日本人是否应该放弃在地板上就寝的习惯？这主要是医学方面的考量。我相信从幼年就习惯硬质床铺有利于健康。跪坐和端坐哪一个对身体更好，这样的问题，答案就更为复杂了。不再跪坐的日本人，相对来说身体发育更加良好。但是，脚部和腹部的肌肉能够通过跪坐得到良好的训练。在西方，医生对于腹部肌肉松弛现象束手无策，因此问题不能单凭个人印象来判断。

建造住宅时，为防范地震而使用钢筋水泥，却因此带来其他的危害。如果新的分层建筑中不配备简易的取暖设备，而使用炭火取暖的话，就不能像普通的日本民房那样换气，容易造成中毒的危险。出于这方面的原因，或是从卫生角度考虑，若冬天在拉窗的外侧安装了密封性更好的玻璃窗，那不如一步到位，也安装上取暖器。根据各地气候条件不同，安装简单的加热蛇管来代替散热器也可以。总之，需要比较火盆和其他附件的费用，并计算经济效益。廉价的取暖器种类繁多，其中也有供独栋住宅使用的产品。而且我们还要将最近的取暖理论和实际结果一同考虑。根据理论，决定人体舒适感的并不是室内的温度，而是热辐射。比如，加热天花板后，即使冬天打开窗户，通过热辐射也能够充分取暖。拥有巨大窗户的阿姆斯特丹小学就是采用了这种建造方法。在冬季温暖的日子，孩子们可以开着窗户学习。日本也应当从新建筑中学习卫生知识及相关的技术。有些住宅并不是加热整个天花板，而是将热源安装在天花板下面。恐怕传统的以空气循环［同时伴随着尘埃循环］为基础的热理论不久将会遭到摒弃。由于气候关系，日式房屋的墙面上需要一个大的开口。因此如果在这里使用现代技术，或许能够达到更好的效果。日本人自古以来喜欢泡澡和通风，现代化的技术也能提供一些特殊支持。

我认为，日式的壁橱应该得到保留，因为它既现代又很经济。居室简洁，日式房间会显得干净。还有帘子、天花板以及挂有绘画的壁龛，这些同样都必须保留下来。日本人和欧洲人一样，在组装舒适、轻便的家具方面，十分具有独创性。为了能够随意舒适地端坐，制造出了可以调节高低的桌椅，同时，为了保护地板，对家具的脚的制作下了很多功夫。

我在上面提出了许多问题，但这只是一个大问题，而且只是说出了整体的轮廓而已。这个问题在本质上涉及传统、习惯、风俗和妇女工作等社会各方面。

其次是健康方面的一系列问题：是跪坐还是端坐，或是关于睡眠时身体的位置问题，还有夏季通风、冬季取暖以及尘埃清扫等。问题的第三个方面是地板、墙壁、天花板、窗户，以及根据家具形态，选择最好的材料这样有关建筑技术性的内容，这和房间的布局均衡及建筑内部、外部的艺术处理密切相关。问题的第四个方面，也是决定性的一面，那就是费用问题。建筑必须考虑到上述的所有要点，通过精细的比较研究，根据各个房间的样式来计算。问题的四个方面都是综合性的，形成了一个统一的复合体，很难将一个问题与其他问题分开。将解决问题完全寄希望于感觉或是个人意志是非常危险的，现实并不在乎某个人的伤感或期望。每个问题必须尽量科学地、客观地通过统计、比较、观察、证明等方法，根据情况进行实验，以彻底解决。即使讨论结果是问题无法解决时，也需要

桂离宫

进行客观的证明。无论如何，即使没有成功或是获得了否定的结果，从整体来看还是具有重要价值的。

总而言之，在社会政策专家、妇女团体、医生，以及卫生专家、建筑承包者、建筑材料专家、各领域的技术人员和设计师，特别是暖气设备、混凝土建筑、除尘工程等方面的专家，在园艺师及其他人员的协助下，首先要以住宅平面图为基础，在统领施工材料的建筑师的指导下，进行当前问题的演绎性科学研究。教育家以及教师、街道文教团[1]的工作人员，此时也可以给出极其重要的建议。这些研究的最初成果需要在详细调查的基础上，制作成一览表等。然后在各部门的共同会议上进行修改，获得可靠的实证和更加明朗的推进方向后，建筑师才应开始对各种房屋住宅的大小以及形式进行设计。这样的尝试也和之前进行的演绎性研究一样，在将已决定的内容转化为图纸和文章前，还需要在会议上经过多次充分的讨论。总而言之，目标就是制定出国家可以宣传推广的、简而易懂的标准。

[1] 街道文教团：指为城市等贫民区居民提供教育、娱乐等社会服务的团体或场所。

因此，需要通过精密的计算来解决费用问题。

这个研究方法大概和我在夏洛腾堡工学院[2]指导的住宅建筑以及集体住宅研究科非常相似。

我们用同样的方法，在一年中对研究生提出各种各样的问题，涉及社会、卫生、建筑技术等方面，设立了城市道路、土木设计、预算计算等部门。在检查了约600种平面图后，特别是根据社会问题、卫生问题以及土木工程各部门收集到的结果，分别对64种不同方向进行了斟酌和研究。通过考察期间选取的新旧住宅，即正在建设中或已经有人居住的住宅，我们在共同讨论时有了更深的理解，并不断对方向进行了修改。参与讨论的各类政府、建筑协会以及建筑公司领导者将自己的经验倾囊相授，让我这位研究科的指导者避免了理论上的错误。来自参与实际工作人员的忠告非常重要。我特意举出这个例子是想说明，一个共同课题可能需要许多人合作，每个人畅所欲言，提供自己专业的意见，同时又不会

[2] 夏洛腾堡工学院[Technische Hochschule Charlottenburg]：今柏林工业大学。该校的渊源最早可以追溯到由腓特烈二世在1770年10月发起创立的采矿学院，另一个源头是1799年3月13日创建的建筑学院，第三个源头是初创于1821年的皇家职业学院。1879年，由三个学院合并成立皇家柏林工业高等学院[Koenigliche Technische Hochschulezu Berlin]，亦称夏洛腾堡工学院。

丢失共同的目标。

这在日本是一个非常难的课题，也是其他方面无法比拟的问题。这个问题能否解决，关系到日本的命运。如果将来无法完美地解决，对民众以及国家财政都会产生非常大的负担。如若这样，现在的建筑师将来被成长起来的一代指责为认识水平不足也无可厚非。因为这个问题并不仅仅局限于房屋。房屋将决定日常生活的模式，将来如果暴露出缺陷，会延伸到衣食和其他方面，对社会生活或家庭生活产生影响。反过来，现在如果尽量将问题查明，之后的下一代将深深地感谢今天的这一代。

在日本特殊的文化背景下，完全不同类型的各种问题交织在一起，我一直在观察、论述这些问题。

首先，在这些问题上我会受到极其主观的制约，而且作为德国人的我对日本不太了解，不多的一点知识恐怕也不太正确，就有了更大的限制。但是我想，如果我能够读到日本人撰写的关于德国的著作，那是多么有意义的事，我甘愿冒一次险。因此最根本的原因在于，研究者对于自己所研究的国家的爱，而我对日本的爱是毋庸置疑的。我还坚信日本总有一天会解决决定自身命运的大问题。在那个拂晓，日本将迎来现代文化和现代艺术的新黄金时代。日本自建立以来就不断排除外界的干扰，将固有的独特文化自主地发展到了今天。几个世纪以来，日本经常吸收和同化外国带来的影响，并将其演变为日本特色，结果就是繁衍出日本独特的产物。现代的日本也面临着同样的问题。现在的日本年轻而有活力，能够平衡地处理优良传统的重要性和新兴事物的关系。

日本克服和同化了来自中国的影响，在过去的几个世纪里为世界做出了巨大的贡献。今天，日本的任务将更加艰巨。现代技术正不断让当今世界逐渐变得枯燥乏味、整齐划一，相信日本依旧能够吸收、转换它。换言之，就是将其转化成一种日本独特的文化。因此，我坚信日本还会给世界带来新的巨大的财富。

第四篇

伊势神宫

伊势神宫[1]由外宫[2]、内宫[3]以及荒祭宫[4]组成，是日本建筑立足于世界的根基，也是打开日本特色文化的一把钥匙，因其完整而壮观的形态而在世界范围内享有“日本之源”的盛誉。

如今，我们已经无法完整重现这座鬼斧神工般的天赐建筑了，也无从知晓这种建筑形态究竟源于哪一年代。但若从材料方面判断，我们可以认定这绝不会是特别古老的建筑物。

伊势神宫每 20 年就会经历一次重建，木匠们身穿整齐划一的白绢服饰，用心地准备着下次修缮所用的优质丝柏木材。虽然新神殿样式“古典”，但其实它的建造地点与刚完工不久的现神殿是紧挨着的。每一座后代建造的新神殿都会保留着前人规定的样式，不做丝毫改变。据说，这座神宫已经经过 60 多次重建了。我们已经无从知晓最初的伟大建筑师究竟是哪位高人。但不可否认，这正是他留给日本国民最珍贵的礼物。日本人民为了让这座伟大的建筑能够抵抗年深月久下的风吹日晒、潮霉虫蛀，而不断创新开发出新型建筑

---

[1] 伊势神宫是位于日本三重县伊势市的神社，主要由内宫［皇大神宫］和外宫［丰受大神宫］构成。伊势神宫的创建时间不晚于持统天皇四年［690］，日本史学界一般认为创建于天武天皇时期［673—686］。伊势神宫的建筑样式来源于日本弥生时代的米仓。

[2] 外宫：祀奉丰受大御神，她管理及护佑衣、食、住等产业。

[3] 内宫：祀奉天照大御神，是日本天皇的先祖，明治时期更被明定为全国神道教最高神祇，地位十分崇高。“内宫”与“外宫”除了各依其祀奉大神设有正宫外，还各自拥有别宫、摄社、末社所、管社等等，全部加起来共有 125 座。

[4] 荒祭宫：内宫别宫，供奉天照大神的荒魂，它与供奉天照大神和魂的内宫正宫构成表里一体，所以在祭祀正宫之后，必定要祭祀荒祭宫。

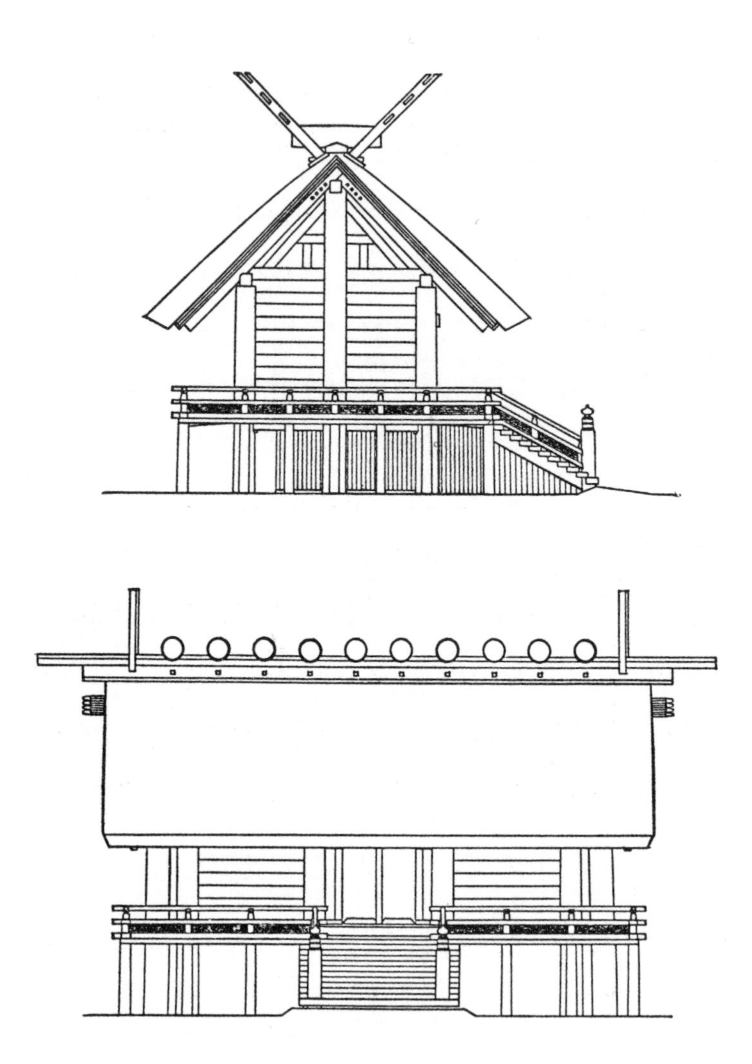

唯一神明造样式[1]的示意图

[1] 伊势神宫正殿的样式禁止其他神殿使用，故称为唯一神明造。

伊势神宫

材料。这不正是日本人民伟大且独特的智慧体现吗？

伊势神宫简直无法用言语形容，连照片和绘画都无法表现出它给人的印象。只有亲自来到此地亲眼看过，才能体会到其中的奥妙。

关于绘画和照片，神宫内禁止拍照和写生实在是明智之举，它是一座庄严肃穆的建筑物，进入神宫的人们难道不应该怀着敬意与虔诚之心吗？事实上，这座神宫会让人不禁联想起随处可见的农舍，看到建于田地之间的那些朴素至极的稻草工棚时，难免会觉得这就是伊势神宫中的古典建筑物应有的风格。这也正是伊势神宫成为一座古典而伟大的建筑奇迹的重要原因。因为它是由这个国家、这片土地孕育出来的珍贵财富，换言之，这是一座蕴含了稻田农户智慧的建筑，亦是蕴藏着这个国家与这片土地之力的圣柜，所以我们称它为真正的“神殿”。伊势神宫作为日本国民最崇高的象征一直备受尊崇。只有伊势神宫才是名副其实的日本文化结晶，其建筑结构极其通透，且单纯直率，所有的结构都毫无保留地呈现于建筑样式中。

不仅如此，运用于伊势神宫中的建筑材料，从香气馥郁的优质丝柏木材、屋顶敷设的茅草、嵌在圆木顶端的金色金属构件，到构成建筑物底座的清透玉石，无一不是洁净通透之物。整座神宫中不见油漆的踪迹，最大限度地保留了结构与材料原始的特色，并使之相辅相成至一个完美的平衡点。这是一个纯粹而独一无二的平衡点。在这里，所有一切都被发挥出了极致效果。尤其是平衡因素，在外宫的建筑结构上更是得到了淋漓尽致的展现。那高贵的姿态，若非蕴含了日本建筑样式的奥秘与世界顶级技术的珍贵结晶，是无论如何也无法呈现于我们眼前的。

只要稍微了解日本文化在世界文化史上的地位，想必就会亲自来到伊势神宫参拜。这座神宫完美地融合了日本文化中所有的优质特性，并将其凝成一个闪光的结晶体，它不仅是一处国民圣地，拥有外宫的伊势神宫更值得被称为一座建筑圣殿。

伊势神宫

第五篇

活着的传统

在欧洲人眼中，即使建筑简陋，也丝毫无损日本风景的优美。但如果将其移到欧洲，反而会觉得还是放在这里更自然一些。特别是我初至日本时曾完全迷醉于日本的美观、自然，它们丝毫不因粗陋的建筑、纪念碑或各种庸俗作品而有所损伤。

“人无烦恼，则世界皆美”，我却认为这句歌德的名言并不适合日本。不仅是沿公路连绵延续的村庄部落，还有世人的行乐生活，都能从中找到与法国或英国相同的优雅情趣。泛舟保津川[1]就让我回想起莱奇莱德[2]附近泰晤士河上的热闹景象。

日本是幸运的，它的国家文化从最初延续发展至今而没有遭受严重阻碍。这让我想起印加帝国及其高度文明惨遭毁灭的悲剧。同时不禁思考，印加帝国若能如同日本一般顺利发展至现代，那么它会成为一个怎样的国家，而世界又能通过印加帝国享受到怎样的富裕文明呢？

日本恐怕就是这些古文明中唯一的范例了，它能够幸免于殖民

---

[1] 保津川：发源于京都西郊岚山的河流，日本著名的观光胜地。

[2] 莱奇莱德 [Lechlade]：英格兰格洛斯特郡的一座城镇，位于科茨沃尔德地区的南部。

地化的命运，实在可喜可贺!

对于外国人来说，在这个美丽的国家中，比自然或是寺院、庭院等更具吸引力的，实际上是现在还依旧生机勃勃地存续于生活中的日本传统。不过就算是自然或寺院、庭院，也不能脱离这里所述的传统意义而单独讨论。保护自然的行为会形成新的自然美景，为日光的将军所种的杉树群就是一个很好的例子。但另一方面，比睿山[1]的宏伟杉林所形成的自然却又在它之上了。对森林和自然美的保护在艺术中也有所反映，同时还被宗教传统所制约。在众多的神社和寺院中，若说印象之美来源于建筑本身，不如说来自建筑与自然无法剥离的融合［镰仓建长寺[2]、奈良春日若宫[3]的神殿］。要尽述这些事例，恐怕写上一万卷也写不完。即便如此，也应该对此进行研究讨论，才能还原日本最本质的形态。最令我印象深刻的日本形态是布满了店铺、招牌、商品的商业街的独特光景。每一个陈列布置，都是民众艺术的小规模集合。特别是到了日落时分，各条街道上的

[1] 比睿山：别称天台山，自传法大师最澄由唐朝回国后，就一直是日本天台宗山门派的总本山。是以横跨在京都市左京区和滋贺县大津市的四明岳和大比睿两峰为中心的、南北走向的山脉的总称。

[2] 建长寺：此寺院为临济宗建长寺派的总寺院，在镰仓五大禅寺中居第一位。寺院内的总门、三门、佛殿、法堂、方丈等伽蓝建筑布置于一条直线上，共有十座塔环绕其周围。创建当时的建筑物已毁于火灾，现在的建筑物是在江户时代之后重新修建或移建而成，至今仍保留着中国禅宗建筑风格。

[3] 春日若宫：奈良春日大社内的若宫神社。

商店为了让行人驻足，布置周到细致而富有个性，仿佛是一个个小巧的工艺品，观赏起来完全是一种视觉享受。但白天广告的设置同样给我留下了很深的印象。这里可能与欧洲都市完全相反，看不到吹嘘宣扬，也因此更能静下心来观赏。这些广告的主色调是神道的色彩、日本的祭典色，多为红或白。而且为了遮阳，会在街上支起好几层的帷幕，欧洲人眼中看来满满都是东洋风情，全无脏乱之感。特别是在城市里，人们清扫自家店门口的道路，不停地洒水，并且设置竹帘以防止汽车尘埃，实在是令人叹服。奇思妙想的广告队伍也与神社寺院的祭礼十分相似。不论在哪张照片中看到这多姿多彩的商店街全景，就算是其中又显眼又丑陋的电线杆，也能让人完全忽略。那些贩卖日本土特产的店铺也极具魅力——单单与此相关的内容就可以写一本著作了。此外，东京近郊还有古风市场、拖着卖货车而来的杂货店等等，还有其他许多各式各样的新奇景象！

不过日本最为美妙的光景是夜间照明，我以为这与日本的社寺崇拜直接相关。奈良春日神社的2000个石灯笼与1000个青铜悬挂灯笼，完美展现了一场精彩绝伦的光之祭典，东京和其他城市举行神社祭典时照亮整座城市的灯光恐怕就是受其直接影响。街道和商店的照明的特质，大概可以追溯至此。公共照明多专门使用磨砂玻璃，是因为最初在神社寺院里需要控制光源不能显眼夺目。电灯多以两个或三个为组合，主要用来照亮人行道——车道的照明主要由车灯负责，其中包含着浓浓的人情味。料理店入口处极为低调的照明，以提灯的柔和光亮体现细节的招牌灯，都带来了无上的视觉享受［京都的圆山公园和烟花巷等］。商店街散发的亮光大多来自被排列成铃兰形、弓形的街头照明灯。这些照明被消除了刺目的光芒，因此并不让人觉得眼花缭乱。位于京都历史超过50年的京极大道上，虽然建筑没什么特别，说不上多么优美，但其夜景却让人感觉华丽。在大阪心斋桥[1]也能看到这种烨熠灯火。河畔的桥上可以看到绚烂的广告照明，倒映至水面上更是如梦似幻，让人不觉沉醉于这光与色的和谐

[1] 心斋桥：大阪最大的购物区，以带有拱廊设施的心斋桥筋商店街为中心发展起来。

奏鸣曲中。而东京，即便银座的广告照明在色彩和配置的选择中夹杂了一些美式风格，但仍具有日本特质。更有点起各色灯光、摆放各色商品的夜店夹杂在这些广告照明之间。这里我觉得最有吸引力的，是夜店中的男女店员仿佛已然完全融入店头商品的配置之中。东京、大阪、京都，娱乐街道上照明的华美程度依次递减。不过这些华美的集群，以及时而闪现的极其出彩的照明，又形成了另一个日本印象。若从高山上眺望这些大都市的夜景，毫无疑问会欣赏到一幅与西方城市风格完全不同的光之全景。比如梯弗里斯[2]总是相同的灯光，不断闪烁出近乎魅惑的效果，而顿河河畔的罗斯托夫市[3]也是一样，这样的都市几乎可以与德国的圣诞树一较高下。相反的，日本的都市则如刚才所述，灯火都具有各自不同的性质，色彩也是大相径庭。某些日本都市单凭其夜灯全景就能被人识别——在山上以火炬模拟“大”字的祭典，如同给大山戴上了王冠一般。

若将这一切视为活着的传统的一部分，有时在许多完全传统的

[2] 梯弗里斯：今第比利斯，是格鲁吉亚的首都和政治、经济、文化及教育中心，高加索地区的重要交通枢纽。

[3] 罗斯托夫市：位于俄罗斯联邦的雅罗斯拉夫尔地区，罗斯托夫地区的行政中心。城市的面积是32平方公里。

环境中，独独照明这一项偏离了正轨，实在是让人惊讶。在众多的纯日式的住宅中，这个问题都未得到解决。正因为有了电，原可以对日式房间的照明进行有效改善——或许可以稍许分散光源，或放低电灯摆放的位置，或使用台灯，这可能需要进行多种多样的尝试。我就发现了一个很好的例子，那是从传统形式发展而来，可携带、可调节，可用于读书亦可用于工作的电灯。在像能舞台那样缜密而严谨的传统演艺场合，如果用错了照明，那真是贻笑大方。特别是在艺伎舞蹈时，若使用现代舞台照明，她的衣裳、妆容和动作都会被扭曲。过去在演出中,都会在跳舞的艺伎头顶低低地点着数盏提灯，而现在，大多只使用几个光源，高高挂起，投下的浓重阴影与人物的衣裳色彩、动作形成鲜明反差。也因此，艺伎下颚的白粉被照得像粉笔一样雪白，真是为她们优雅美妙的舞蹈惋惜。所有不与宗教直接相关的表现形式，都集中在艺伎文化里。身着和服的日本妇人，撑着伞，头向前倾，一侧脚稍稍朝前伸出的经典姿势是艺伎舞蹈的一个重要的标准形态。而日本女性走路时脚尖稍稍朝内的样子更为典型。有意见认为，日式服装造就了这种姿势，而更多的人认为日本女性的坐姿才是其根由。对于某一个单独的动作，艺伎舞蹈表现的是纯粹而优美的艺术。艺伎在舞蹈中，从地面站起又再次坐下时，她们肌肉的紧张完全隐藏在优美的曲线形体中，因此完全感受不出来。这可能在由农民舞蹈和民众舞蹈发展而来的日本古代艺术舞蹈中更为明显。我曾在东京的花柳寿美女士的讲习所中，看到了许多来源于舞蹈的美妙的体操动作，但还是艺伎舞蹈的动作更让人惊叹。在她们的舞蹈中，有的几乎将要整个身子扑倒向地面，有的又需要极强的柔韧性让身体立起，这也可以说是女性的柔术。通过这样的形体训练示范，艺伎舞蹈对女性言行举止的影响甚大。但实际上，艺伎在日本的音乐、诗、歌及其他一切与之相关的艺术事项上都表现出最高水平，并不仅仅是提高了女性的某些修养。和服的穿法、扇子的用法，特别是在一流的舞蹈中仿佛具有生命般舞动的双手的动作、戏服衣裳的文化等，都深远影响了所有女性文化。不仅如此，她们独特的服装也影响了日本人的居住环境理念。我也因此才明白，为何日本的住宅对色彩和结构的使用如此低调。不论如今的艺伎行业如何走下坡路，只要看到优秀艺伎的舞蹈，就一定会有和我有一样的感受。即使是邻道而居，艺伎的家至今依然特征明显。虽然舞蹈剧场的休息室里放着现代风格的杂物和之前所说的不合时宜的电灯照明，舞伎——尚未完全纯熟的艺伎——和艺伎们下颚和后颈白粉的涂抹、结发、极其昂贵的和服和腰带华美的衣裳，初见时确实让人感觉奇异，但伴随着三味线［日本的“吉他”］和伴奏歌声而来的舞蹈，马上让我们明白，只有这样的服饰道具，才能极为细致地表现如花般可怜可爱的女性形象。作为欧洲人，我们无法想象对于这样的艺术，何人会产生性冲动。如果能了解伴随舞蹈而吟唱的伴奏中的词句之意，这种感受也将越发深厚。这里所咏唱、所表现的，大多是自然中的一个场景——美丽的风景、月光或田园生活，而恋爱与这些自然相关联，又表现得极为微妙。舞者的身体被完全包裹，仅以双脚底部完全贴附在光滑的地面上滑行舞动来积极表现，而双脚又完全引导着身体的回旋转动。艺伎以这样的轻巧灵动，为男性提供了他们的妻子作为母亲或家庭主妇所不能提供的艺术之美——有儿童参演，有前面所说的三味线和多位歌手组成的乐团伴奏，这样的舞台上表演的艺术舞蹈［花柳舞蹈讲习所的演出］呈现出了非常综合的艺术效果。眼影、白粉或戴上的结发［假发］，特别是对衣裳的强调，使得在离舞台很远的地方也能感受到这些要素的微妙作用。这时，我们不仅惊叹于舞台服装的变化与华丽，还能感觉出些许异样，到了最高潮，我们甚至会觉得色彩明显地不协调，就像是绚丽的红和紫那样的色彩效果。在还没有精通一切日本式的理念，全身心地投入日式情感表达中，能够与日本人有同等的感受之前，作为欧洲人的我首次遇到了完全无法进行评判的事物。也因此，要正确判断古代与现代和服的质感，特别是它的构成，是非常困难的。这与评判建筑时的均衡概念极为相似，同样不能生搬硬套公式性的法则。而且其本质越是高级，越是不能以一般标准判断。

关于这一点，若是不了解与上述舞蹈有明确联系的神乐[1]、能乐[2]、歌舞伎[3]等关于服装内容的脉络，要进行评判就更加困难，也就只能瞠目惊叹于这所有的视像竟都如此根深蒂固地扎根在了日本现代生活中。若在欧洲举行古代风格的艺术表演，那这场演出只不过会被认为是一种变装游行。与其相反，在日本，比如像葵祭[4]这样的队伍，已经不单单是一场表演了。骑马者、徒步者、装饰华美的牛车上无与伦比的赤、绿、白、蓝等色彩，在室外进行了异常精彩的演绎。这条长长的身着古老装束的列队，至今仍是日本视觉文化的集大成者。无论是沿着宫室的灰色围墙前进，或经过河畔深绿色的树荫——有时在雨天，撑开在骑马者头上的透明红伞，呈现了一幅无可比拟而令人难忘的美丽光景——队伍与围观的群众既不对立，也不远离。群众亦有群众的风景，其中女性穿着的和服、雨

[1] 神乐：广泛流行于日本民间的，主要是在节日和民间风俗活动中祭神、敬神时表演的一种民间歌舞艺术形式，它来源于古代原始氏族社会的祭祀祈祷活动。分为素面舞、假面舞两种表演形式，及御神乐、里神乐两大类。

[2] 能乐：在日语里意为“有情节的艺能”，是最具代表性的日本传统艺术形式之一。就其广义而言，能乐包括“能”与“狂言”两项，前者是极具宗教意味的假面悲剧，后者则是十分世俗化的滑稽科白剧。

伞通透的色彩，也为列队倍添光彩。这个祭礼的列队有着象征意义，传承的是自古以来天皇向神前敬献币帛的传统，但从根本来说依然属于民众节日的一部分。

能乐中明显也能看出与此相同的意义。对于欧洲人来说，能乐委实是一种特殊的存在，而它也是真正能唤醒我们对日本风格以及日本自然的理解的钥匙。它与日本的庭院和建筑一样，是被艺术化的自然。从学术角度来讨论可能会流于表面，因此在这里，我将放弃学术性的证明，以眼之所见、耳之所闻来进行论述。我坚信这绝不是毫无价值的。因为我认为，欧洲人虽然对此已经用语言或文献等研究了数十年，但与没有进行过精密研究、血液中却早已流淌着这些文化的日本人相比，还是望尘莫及。日本人自小接触这些事物，甚至恐怕有不少人年幼时就亲身登上过能舞台。且不说祭祀巡拜的设施，就说乘着现代轮船从一个港口匆匆赶往另一个港口，走马观花又能了解琵琶湖多少呢？在轮船上只能机械地看到自然的表

---

[3] 歌舞伎：日本独有的一种戏剧，也是日本传统艺能之一。在日本国内被列为重要无形文化财产，也在2005年被联合国教科文组织列为非物质文化遗产。现代歌舞伎的特征是布景精致，舞台机关复杂，演员服装与化妆华丽，且演员清一色为男性。

[4] 葵祭：又被称作贺茂祭，是京都市贺茂御祖神社［下鸭神社］和贺茂别雷神社［上贺茂神社］的祭礼。

面，但倾听一曲讲述古时一位皇子参拜竹生岛弁天神[1]，泛舟时邂逅岛之女神和海神的能乐，我们才对真正的自然了解一二。那是由音乐、韵律、歌、词和服装完美结合的不可思议的和声，所有的要素浑然一体，细致精巧如日本织物的图案，并且极具艺术性地表现了潺潺水流声支配下的大自然。其中可以听到嘈嘈水声、各种自然的声音，船只滑行、广阔空间和岛屿的诗情，还有与瞬息万变、危险重重又暗藏无尽宝藏的大海完全不同的琵琶湖。仿佛发自喉咙的曲调极具特点，又以奇妙的蛙鸣声起始，然后转至模拟鸟鸣的笛声，而整首音乐就是一曲水之曲调。我对于音乐只是门外汉，因此可能无法像分析建筑那样表达我对日本音乐的感动。我从其中能感受到的是，所有艺术都在追求最单纯的手法，因此这些手法能够取得最纯粹、最为直接的效果。例如鼓，时而使用富于变化的音阶营造出抑扬顿挫，时而在与歌谣融为一体前长时间保持紧张感，为表演者登场做悠长的铺垫，融合后的七拍子让人印象深刻，而进入高潮时

[1] 弁天神：日本三大弁财天为广岛县的安艺的宫岛、滋贺县的近江的竹生岛、江之岛的弁财天。弁财天是掌管音乐、巧舌、财富、智慧和寿命的女神。

“吼——嘿，吼——嘿”的行进曲的节奏又极为豪壮！我们曾有幸一观竹生岛上的鹤群。神殿对面岩石凸起处古意盎然的停船码头当时未能仔细观赏，但在这首能乐中它的形象似乎又跃然眼前了。讲述“歌唱寻儿的母亲”的能乐，以初入夜时窸窣的树叶声响、芦苇丛中大自然的声音、伴随着船头呼唤声的水与河流的诗情，表现了一股淡淡的哀愁。悠长而悲怆的节奏是表现这些诗性时不可或缺的一部分。让我备感惊叹的，是那些仿佛来自古老浮世绘，如实再现了所有情景，又仅以屈指可数的色彩［白、蓝、黑］表现的装扮风格。在最开始的曲子中表现船上的人群时，甚至不需要暗示船只的大型道具。身着长褂的撑船人站在母亲、商人及其他登场人物身边，只靠装束的式样和褶皱，就能将人带入这无尽哀愁的行舟之中。

非常幸运的是，金刚先生向我们展示了他贵重的装束、扇子和面具。这些丰富的艺术品展现出了日本文化的重要一章。在这里我就不详述面具的价值和美了。不过，面具的奇特之处在于它表情的丰富。表演者佩戴面具在舞台上活动，凭借自己的动作和曲调，赋予面具千变万化的性格。能乐的歌曲主要应该从面具的凹处或者说应该从隐藏于扇子背后的声音回响来进行理解。与装束和假发的粗线条相比，面具在尺寸上看起来要小得多。不过这也自是一种旨趣。那是因为，集合了人物脸上丰富表情的面具，正是因为小才具有强烈的表现效果。而这面具的存在也让人物摆脱了现实露骨的生硬感。与希腊戏剧相同，在幕间休息时作为丑角出场的间狂言，大大强化了能乐的悲剧效果。我看到的这位登场人物过于正直，又是一位喜欢模仿别人、不懂装懂的蠢人，因此总是轻易被骗。这是在世界上任何一个国家都能看得到的典型人物。他的动作表演，是翘起脚尖在光滑的地面上滑动行走。为变换节奏，有时他会大力踏步，有时又上下跳跃。过去的能乐地板是铺设在 5 个大土瓮上的，土瓮受到震动会发出音乐般的韵律。而剧场内部也采取了某些方法，使得音响效果极佳，我实在是非常好奇他们用的是什么方法。舞台的侧重点集中在一侧，完全偏离整体空间的中轴，表演者的立体形象也因此得以强化。舞台表演者从桥［能乐中由后台通向舞台的桥式通路］走上［呈15度角的］舞台，完全进入观赏的客人中间。更早之前，观众席中的单间不过是铺设在石头上的木板隔间，声音不会被这木板上的座席所吸收，而经过加工的舞台台板更是为音响增添了一层共鸣效果。但现如今的舞台座席设置早已不同于演剧博物馆收藏古画中所看到的了。古画中表现的是，武士们在幕前狭窄的贵族席平土间里悠然列坐，与之相对的“民众”则是拥挤喧哗的情景——平民与上层阶级之间露骨地对立。古代画家在绘制这幅作品时可能也是暗藏讽刺吧。现今，能乐已经在某种程度上浸润到了“民众”之中，借助广播电台蓬勃发展。

能乐表演的设施和构造肯定不会像东京早稻田大学演剧博物馆的资料中记载的那样一成不变。但至今其形式依然具有生命力，融入进了日本人的生命，是服装、动作、舞蹈、歌谣、音乐等各形式

能剧［布鲁诺·陶特画］

艺术的集大成者。

虽然歌舞伎剧也有令人印象深刻的歌声和让人感动不已的伴奏音乐，但其起源也要追溯至能乐。若从欧洲人的观点来看，能乐已经远远超过了单纯的歌曲领域，其精彩绝伦的低音和中音一瞬间就能夺人心魄。而歌舞伎剧，则借助了巨大的舞台——到了近代更是采用旋转舞台——来表现日本风格的明白、朴素。不过这“欧式”的旋转舞台其实是日本的发明，并且已有约两百年的历史了。

将剧场观众席向两侧扩宽的设置方法，同样是对优良传统的坚持。剧场的木结构建筑一直坚守了与人之间的合适尺度，两者相辅相成。除此之外，我们在新剧中依旧能看到传统式的沉静与微妙暗示的相互结合，比如烦闷时恰到好处的交谈，晚来将欲雪的场景布置及非常细腻的舞台演出等。表演老式歌曲和音乐的大众演艺场、街头的露天剧场、神社祭祀时搭建的戏棚等等，都是深深根植于神道信仰的优良传统的衍生物。以对决的肥胖选手为中心喧哗吵闹的两万观众与刚才所述的戏台剧场，看起来似乎形成对立且鲜明的对照，不过这起初让人稍感野蛮的竞技表演其实在本质上是相同的——这就是东京的相扑。若能集中精神在这拥挤不堪的巨大会馆里观察两三个小时，就能察觉到其中的种种关联。虽然没有管弦乐，取而代之的是在两侧的屋顶座席上由小学生的鼓掌队跟随指挥响起的助威声，而成人观众也会不时爆发声援两位力士的呼喊。而且，在白［天］、黑［地］、赤［火］、绿［风］四根支柱撑起的顶棚下，两位壮硕选手进行的斗技也绝不是野蛮的。他们首先双腿交替抬高用力踏地，摆好自己进入比赛前的架势，在 15 分钟内完成一整套的准备动作。这需要极度集中注意力，因此两者虽然都身强力大，但谁更加精神紧张，谁会更早力竭，仔细观察就能发现。对于热情的观众来讲，正式的角斗就是对刚才观察结果的验证了。若双方力士同样意志坚强，就观察力士的面孔，赌上更加理性的那位应该没错吧。不过我们觉得更加奇异的，是门票发售和将外带品寄存到茶屋的制度。

尽管力士们十分肥硕，但他们都经过严格训练，并具备一定的品格气度。这和柔术、剑道、弓道这些武技是相通的。首先第一眼看到的是良好的态度，而不是一定要打败对手的干劲。我曾见过一位柔术选手仅凭自己的沉着冷静就获得了胜利，但其实他的身法技术完全称不上高超。而竞技双方相互之间的传统礼仪，已经演化成斗技中一种纯粹的社交形式，过去行至天子宝座前行礼的传统，也变成了如今所有练武者统一行礼的礼仪。又例如，在被认为是现代足球起源的蹴鞠中，丝毫看不到任何出现在现代足球比赛中的恶劣行径，这对于运动而言是真正宝贵的示范。蹴鞠球技流传已有千年，而其装束的历史也有差不多600年了。优雅的服装阻止了乱舞手臂或其他各种粗鄙下流的态度，甚至可以说，正因为有了这样的服装，才让人心更加沉稳安定。因此，最好的竞技者并不一定需要是身强力壮的年轻人。在此基础之上的具有极高视觉、文化效果的姿态，和拥有完美高雅社交形式的传统坚持的内在，我从中看到了最为重要的现代日本文化的一角。这里的运动与美国的不同，至今仍然保留着类似英国运动文化的那种原汁原味的姿态。而美国的运动来源于残忍的古罗马剑戟游戏，与所有丑恶现象共同激发群众的嗜虐本能。古罗马的运动会造成一切文化的停止，而在日本，运动与生活的联系却被完美无缺地保留了下来。

让道时相互感谢的汽车司机，不断重复“非常感谢”的公交售票员、电梯小姐，向因为满员而没有座位的乘客道歉的乘务员，戴着手套的铁路工作者一致的礼貌态度，其实都属于同一个范畴。但运动竞技、舞蹈和戏剧的主要感化，实实在在体现在人们的态度及其服装上。日本被欧美作为色彩之国所知，主要是源于日本女性的和服。而日本女性大多数执着于和服，又是基于认为非常适合和服的单纯的女性本能。不仅限于室内或街头，即使是在广阔的自然环境中，比如一个人身着华丽的和服伫立于海边悬崖上，或一群在箱根巍峨山岭中的硫磺喷泉旁游玩的艺伎，描绘了一幅幅绝美的风景画卷。虽然由于穿着和服时需要重重包裹，会听到身体被束、酷热不适的抱怨，不过相比之下，鞋类看起来就轻快自然得多，保留下来的木屐若没有了木齿，应该远胜于欧洲的鞋子。和服的色彩和样式必须符合女性的年龄，因此不会看到像在巴黎等地一样，老妪和年轻女孩一样穿着绚烂服装、化着浓妆的现象。与此相反的，日本的老年妇女在庆祝 77 岁的喜寿或 88 岁的米寿时，身着幼儿般的华丽服装，那是暗示着死亡与诞生融为一体的生之境界。

行走在东京银座的女性八成身穿和服，而男性则八成身着西装，这并非夸张。不过，这些男性在家里，或是为了凉快舒适地度过酷暑时节时，也会换上和服。虽然东京较少，但也有不少日本男性与女性一样，感觉和服更加适合自己因此只穿和服的。街头经常可以看见举止端庄、有时是体格健硕而面容知性的青年身着和服，在我看来，他们才是决定着这个国家未来命运的新一代。我曾经读到，芝加哥的世博会上，日本木匠非常自豪地身着他们的独特服装劳动，实在是让人非常欣喜。实用的藏青色上衣、实用的襻膊和外形出色的鞋子组成的传统工作装，不会被其他服装轻易替代。农夫的雨斗篷和农民为女工制作的服装也有同样的传统实用性。

这一个个单独的现象虽然不全面，但若要建立起系统，需要对日本文化全貌进行论述。在日本读者眼中，我的大部分观察确实比较单纯，甚至或许可以说是浅薄，因此我必须为此恳请日本读者的宽容。但是，我写这本书的使命在于，在现实状态的基础上向其他国家的民众阐述日本的意义。虽然不能远远超出我自己的专业范围，但由于人们的生活会受到建筑的强烈影响，通常建筑师必须对人的生活和相关的各种现象保持兴趣。在这里，风俗习惯就具有重要的作用。与丈夫相关的妻子的地位和他们的家庭生活，都非常明显地体现在日本房屋无与伦比的清洁度上。虽然在入室前换鞋可以防止污垢进入房间，但若没有不停地打扫清洁，作为日本传统的用材纯洁和室内清洁，可能瞬间就会消失殆尽。不论是处于如何贫困境遇的人家里，都会保持着这样的清洁性。不只是大城市里崭新的工人住宅，就是在无业者区域、东京或大阪的贫民街、最为凄凉的神户贫民街等，都能看到这样的情况。就算去看一看让人感觉不到丝毫舒适，甚至区域内没有下水道导致空气恶臭避无可避的贫困住宅，都依然不似意大利、德国或俄罗斯的最低贫民窟一般丑恶。令我惊讶的是，甚至在神户贫民区细民街里，居民都尝试在非常狭窄的小巷子里打造出小院。

儿童在个人清洁卫生方面，总体上程度也极高。日本儿童的鼻部疾病问题还需要采取措施，另外随处可见、毫无计划出生的大量新生儿——这种婴儿潮在贫民街尤其突出——也需要当局采取应对措施。尽管如此，日本儿童与别国相比要聪明懂事得多，这实在是令人惊喜。除了某些个别情况，我从未见过日本孩子有调皮不讲理的行为，而且不论去到哪里，也没有见过像日本孩子这般对街道交通特别是汽车彬彬有礼的。就算是汽车鸣笛，多小的孩子都不会回头张望，那是因为他们自己都是按照正确的交通规则行走的。这里让我想起，有一个玩游戏的小孩冲撞了我朋友的车然后不幸丧命的事，而我自己也曾经在荷兰鹿特丹郊外驾车时，遇到一个孩子直直地冲过来，最后受了重伤。我经常观察到，被母亲背在背上的幼儿总是在关注着母亲的一言一行，他们不会遗漏母亲的任何一个行为动作，这些动作的意义不需要特别说明，就会自然而然地刻入他们心中。渔夫的妻子在和丈夫一起拉船上河滩时，会弯腰用力。这时她背上的孩子不哭不喊，从头到尾注视着母亲进行这一串复杂的动作。如果在日常的人行道上疲倦了，孩子就耷拉着可爱的小脑袋沉沉睡去。这样他就不会像睡在什么都看不见的摇篮里或被抱在怀中那样无聊，从婴儿时就开始和大人一起行动，恐怕也因此，才造就了日本儿童的懂事伶俐。日本儿童和欧洲儿童很难玩到一起，是因为前者有好习惯，不做无意义和无目的的事情。这对于成人来说也是非常重要的。而反过来说，欧洲青年在肉体上、精神上存在弱点，是因为他们没有克服幼儿期的缺点，将孩子的状态保持到现在。儿童的聪明懂事也是典型的日本生活方式、居住方式的一个前提。比如纸糊的屏风和拉门，若没有日本儿童的这种特性，会变成什么样子呢？

再深入一步，小学甚至还会通过日本传统的竞技和舞蹈对儿童进行身体训练。日本古舞蹈讲习所里有面向儿童［甚至有男童］的个人课程，面向少女的插花和茶道课程，这一切不仅教授了儿童举止进退，锻炼他们动作的自制和沉稳，而且为日式房屋塑造了一位位合适的居住者。

讲到外国人在日本住宅和料理店里所追求的愉快氛围的源泉，首先必须要说说茶道。将日本特有的绿茶加工成粉末，使用传统的习俗和用具，佐以特殊的冥想和静寂，在抒情又醇和的茶室避开所有俗尘，严守沉默，却又作为社交形式为人所喜，实在是令人赞叹。这稍稍让我想起土耳其人总是郑重其事地用咖啡招待人，事实上，绿茶的后味悠长，这点与土耳其咖啡很相似。但是，客人与主人的交谈、会客室的设计都极为严肃却又放松协调，其中表达了主客同欢的日本风情。三人对坐、观赏、品味、沉默却愉悦，是悠久文化的发展成果，因而这是自然的，没有拘束制约。而后续的聚餐，也因此带有独特而典型的日式风格。茶室建筑也毫不例外地体现了这些文化习俗。

日本的料亭与欧洲的餐厅真是大相径庭！关于日本料理本身就足以写下特别的一个篇章。料理主要保留了自然的状态。就算不是营养又美味的刺身这样的生食，通常也会呈现明了、简洁、纯粹的状态，因此对于欧洲人来说，它们实在是令人愉悦又享受，带着清新的风味。海产和蔬菜种类之丰富让人惊叹，将其加工成日式牛肉火锅或鸡肉汆锅这样的菜肴后，口感上更加丰富多彩。这些料理可以让客人自己在餐桌上选择喜爱的牛肉或鸡肉烹饪。日本料理种类众多，如天上繁星，特别是天妇罗或者下饭的各种小点心一般的冷菜［如清香腌菜］等等，就没有必要在此一一列举专门料理店制作的各色菜肴了。无论在什么样的场合，料理总是一目了然，有时会在顾客面前现场烹饪，而烹饪方法也总是以简单朴素为宗旨。饮食的形式、方法远优于欧洲的餐厅。食客的餐桌或设置为仅能供一两人就座的单独空间，隔离餐桌与餐桌之间的嘈杂谈话声，或形成稍大的独立区域，让愉快的社交和勾起食欲的声音充满整个房间，服务生敲着盘子四处游走，要求服务和买单的呼喊声此起彼伏，但绝没有在宽阔房间内摆满餐桌的情况。女侍者端庄而近乎礼仪性的接待，让喧嚣吵闹销声匿迹。她们在用餐过程中与他人一样极为自然地就座于榻榻米上，举止之间更像是主人一般，因此称呼她们“女侍者”其实是不恰当的。这也是“欧洲人眼中的日本”。日本人有时可能会指出许多不足，但从情趣上来说，料亭地位极高，它们植根于传统文化，有一些还保存了非常古老的和室、器具，悬挂装饰物，甚至带池塘的庭院等，根本无可挑剔。而且它的静寂，是最为关键的决定性因素，也是最大的特色。这些料亭大多在前庭大门的选用上就极高雅考究，表现出富有风情的品位，而这品位在料亭内的所有事物上都能看到，实在值得惊叹。当然，也有无数仅仅外观可称为日式的低级料理店，使用例如之前论述过的庸俗的壁龛造型或其他各种不堪的设计。但是这对于来自欧洲的新人来说，却不是那么容易识别的。有的河畔或湖畔的茶屋实际上还暗藏玄机。简单的板房里日式低台上铺设大红的毛毡，撑起标志性的风幡或帷幕，完全与周围的风光融为一体，不仅无碍景致，甚至给环境增添了活泼的魅力。比起宏伟壮观的瀑布，我们欧洲人更喜欢拍摄这样的茶屋。对于我们来说，存在于人类自然性中的自然，比单纯的自然本身更加意味深远。环绕着茶室的生活的自然性，神圣的鱼或龟，在奈良给圣鹿喂食时，所体现或产生的雅趣实在令我赞叹。他们能够驯服牛来拉车，实在不可思议。他们会给马盖上护具或戴上帽子来遮阳，和给自己的待遇相同，从许多与此相类似的事情中都可以感受到人类与动物之间亲密的关系。

与此相反，日本人没学会欧洲玩赏宠物的态度，对待狗子虽然不似中国那么严肃，但与近东、土耳其、小亚细亚与俄罗斯等地区相同，应该说是比较冷淡的。令人奇怪的是他们对于老鼠漠不关心。而我们对老鼠，不仅天生有抵触感，而且因为它是严重疾病的传播媒介，常识上便将它们视作了人类最可恨的敌人。

因为老鼠经常会在日本住宅中筑巢，那么我们的话题也将进入到住宅中。

日本文化历经 2500 年，完成了众多雄伟宏大的创造，而最高点其实存在于日本的住宅之中。而且这里的住宅房间，并不一定是法隆寺的精美雕刻和神社佛堂那样的博物馆般的存在。桂离宫达到了简单朴素风格的顶峰，甚至蕴含着让人感动的力量，也正因此，宏大的皇居和茶室在这种意义上很难说是博物馆般的存在。它是活生生的，在传统日本住宅建筑中源源不断地产出新的成果。与宇治平等院[1]相邻、伫立于朴素庭院中的简单到极致的皇后离宫［宫中灯

[1] 平等院：位于日本京都府郊区宇治市莲华 116 号，是平安时代池泉舟游式的寺院园林。前临宇治川，远对朝日山，于 1994 年被联合国教科文组织列为世界文化遗产。

笼的底座雕刻了耶稣塑像]，以及其他众多的古代的美丽庭院，都位于日本住宅之列。当然也有例外，比如奇怪的松树造型[修学院中有大型苗床型，金阁寺里有帆船型]和银阁寺中砂塑的富士山模型等。但在京都郊外的西芳寺[2]中，受中国影响的庭院巍峨庄严，仿佛是在以其压迫力警告人们不要玩弄藐视岩石。

我观赏过许多具有典雅朴素之美的精致庭院，得以亲近繁茂而质朴的草坪、宏大而几乎人迹未至的近乎天然的山岳公园等等，在这些未受儿戏般的造园技术拘束的庭院中驻足欣赏。在日本的旅馆，沐浴后穿着舒适的浴衣，与好友闲谈漫步，用筷子取食清淡的日本美食，饭后坐在窗前沐浴晚风，实在是人间乐事。又或者在面向森林完全开放的新式简单素雅的日式独栋别墅里休息一整天，用心体味日本房屋的安静沉寂，也是令人愉悦的享受。我曾在一座大约建于20年前、非常美丽的房间内停留数天，得以体验全日本式的生活环境，因此，极其幸运地深刻感受到，即使日本房屋趋显现代化，

---

[2] 西芳寺：日本寺庙，属日本临济宗天龙寺派。位于京都市西京区松尾神谷町，山号洪隐山，又称苔寺，本尊为阿弥陀如来。此寺原为飞鸟时代传奇人物圣德太子的别庄。信奉禅宗的梦窗疏石接手后，寺名“西方”改为“西芳”，它出自禅宗开创人达摩留下的句子“祖师西来，五叶联芳”。

传统形式依然拥有极高的价值。构造上的均衡和用材的微妙融合所体现的房屋协调性，第一次都如此深切地渗透人心。每个角落都可以看到配合房间整体氛围的装饰，力透纸背的书法挂件，隔扇和棚架上描绘得极为温和沉稳的图案，及其呈现出的意义及丰满的底蕴。在日式房间内，最值得赞赏的是对阳光的处理。拉门尚闭而板门已开，在榻榻米上将醒未醒之间品味的光之韵味，实难以纸笔尽述。相对于玻璃，纸在这方面无疑具有绝对的优越性。纸张的散光角度较毛玻璃要优两倍以上，但相较于用科学研究的结果对比证明，倒不如自己来体会理解。纸拉门对月光的处理效果同样优秀。而推开拉门后，可穿过房前檐廊[1]的玻璃窗户望到青翠的风景，这是对双眼极好的保养。高层住宅中，在拉门前建造以玻璃封闭的檐廊这样的近代设备，是日本优秀建筑最重要的特征之一。我在这里不去一一描述日本住宅中的细节，而只举几个例子。比如说，不论皇宫还是普通住宅，除了走廊上铺设的木板，没有任何反光发亮的东西，就连镜子

[1] 檐廊：又称步口，是屋檐延伸为顶的走廊，以檐柱支撑，与建筑物相连，作为通道，也是房屋与外部的缓冲。

在不使用时都要盖上布。我认为这正是感觉敏锐的表现。神社、佛堂和商业街摆放着众多纪念品和其他零零碎碎的土特产，销量还挺不错，由此可以了解到日本人之间经常互赠礼品，但令人惊讶的是，通常在住宅中却看不到这些礼品的身影。就算是普通工人的房间里，也不会像欧洲小市民的住宅中那样，大量摆放着小巧的工艺品和其他商品。商店配送的礼品容器形状多样、色彩丰富，用材颇为美丽，日本人通常会将这些漂亮的容器保管在仓库里，有机会时才取出来装饰壁龛。又例如儿童的玩具，就有用长竹竿高高挑起红黑鲤鱼旗、腹部膨胀仿佛真鲤鱼游动的男孩节玩具，和女孩节时的人偶。日本人学会了在最大程度上处理各结构之间的配合——我在知识分子家庭中经常看到这样的例子——这个特性亦表现了日本人与荷兰人的相似之处。由于生活费用很低，日本的建筑费尤其是技术卓越的木工的手工费也非常低廉。这一点就完全不能和德国相比。

日本的房屋真是给我留下了极其丰富的印象！让我们来看看年

轻僧侣的书斋。那真是一个空旷的房间。只在榻榻米上有坐垫，低矮的经卷桌和桌旁摆放着几卷经书罢了。有的又会按照房间大小细致区分，书斋完全向室外开放。玄关是整个书斋里最高的，而因为天花板并非水平的，各个房间的高度也不一致。另外，就连非常富裕的人家,浴室都使用精美素雅的木材和毛巾,装修布置都追求本真。当然，厨房也会考虑实际用途进行布置。在日本厨房中，不仅仅要将料理进行烹饪，完成后用漆器或陶制容器装盘供人食用，有时还要把食物按照一人份的量装在带盖的素雅精美的漆器食箱中。一打开食盒，呈现在客人眼前的是被分成小份的精致料理，表现出可爱的调和感。这时，只有汤和米饭用漆器或陶制的带盖圆形小钵盛装。不过所有料理会同时呈上餐桌，食客可以尽情夹食菜肴，也可啜饮汤水。因此日本主妇不用节约餐具[筷子容易清洗,料亭则在使用后将其丢弃],也不用像欧洲主妇制作料理时那样神经质地担心汤会不会冷掉，烤肉有没有烧焦。

城市郊外往往经常出现这种木构造房屋——它们大多成聚落建造，排列成行，一般都是平房，同时富于极为雅致的风味。我旅居法隆寺和奈良期间，在大津附近和大阪等地看到了许多这样的房屋。在山岳地区，旅馆和料亭的建造与周围风景特别融洽，只要是日式建筑，就极少出现建筑上的失败。

我对木匠和刷墙工人的工作非常有兴趣，这在之前已经说明过。在进行涂刷作业时，要用草席围住脚手架以保护建筑，而城市里的混凝土建筑，为了防止水泥灰浆落到街道上，会按照整个脚手架的高度装上铁丝网。又或者其他情况，比如为旁边行人考虑而设计的汽车车轮挡泥板，这些都体现了日本式的细致用心。

神户有个开往六甲山[1]的登山电车车站，要前往那个车站，需要从许多高级住宅的重重石墙之间经过。这个山谷中，有许多苍郁大树笼罩的神社，它们将入口设置在巨型山岩之间，浪漫气息十足。而铺设有车道的地方，或有效利用巨木，或切割出岩石的倾斜

---

[1] 六甲山：位于神户市东北部，海拔高度为931米，明治时代外国最早在这里建造别墅，后发展成为游览胜地，馆中馆六甲、六甲高山植物园、旋转十国展望台是著名观光景点。

面，具有独一无二的韵味。不过，我在途中感受最深的是——确实算得上是我在日本印象最深的一点了——这个山谷中的墓地。溪流沿石缝飞流而下之处，巨木之下，成阶地排列着露台风格的墓。没有高昂的纪念碑，也没有明显的道路，甚至整片墓地连围墙也没有，也没有勾起人拍照欲望的好景致……东京市内的大型墓地虽然也没有围墙，但那里樱花树排列成行，到了春天会盛开美丽的樱花，道路则贯穿其中。但这里却没有任何显眼的事物。我曾经在东京的某个街头看到过一次葬礼，装饰有银色鸽子的全白假花花环排列摆放在高台上，望向那户人家里，甚至可以看到摆放女死者遗体的房间，整夜都有告别者出入，路边则是临时雇工喝酒用餐……

由神户的山谷继续乘登山电车前行，就会到达六甲山，在那里可以尽情眺望险峻山腰那边的宽阔大海。但再向缆车方向行走，就会感觉在这宏伟的风光中突然被当头一棒。看着缆车这种胆大包天的技术工程，缆车站及其他房屋都冷冰冰地毫无感情色彩，他们怎么会对风景及建筑如此缺乏感性！若是在欧洲碰到这样的事，我倒不会多么吃惊，但在日本这还是第一次。

日本人就这样突然丧失对自然的敏感了吗？我不知道该如何解释。

第六篇

日本建筑中的世界奇迹

在世界上的任何一个国家，只要是稍有文化素养的人都知道，日本是给近代艺术带来独特刺激的国家。实际上，剧场的舞台、能剧的面具和服装、绘画［尤其是浮世绘］等对近代艺术带来的影响都十分深刻。但即便在绘画方面，葛饰北斋和歌川广重[1]均被赋予了“世界级的名望”，也并不意味着他们就是代表世界“最高质量”的权威人士。古往今来，真正伟大的画家们大多无缘享有“世界级的名声”。同样，日本建筑的伟大功绩也是像在山谷里静悄悄开放的堇菜[2]一样，极少为世人所知。

来到这个国家游玩的人，跟随着观光宣传手册，第一站就奔赴日光市，去参观德川将军华丽的社庙，认定这才是能够代表日本的绝佳建筑作品。但是日光的建筑绝称不上是日本的国宝，这只不过是17世纪的政治权力掌控者为了炫耀他们的权势建造出的充满权柄意味的建筑。他们强行要求大多数的艺术家去模仿中国风的奢华。如果从这些建筑还能稍微看出一些艺术之美，那也是因为其中还蕴

[1] 歌川广重：原名安藤广重，江户时代的浮世绘画家。

[2] 堇菜：草本植物，花白色，带紫色条纹，全草可入药。

藏着一般日本艺术的潜力。但是无论如何，真正的艺术都不是在强制性命令之下可以造就的。

如果想要一探日本建筑的精髓所在，首先就必须去位于京都附近的桂村。桂离宫——这座可称为天皇的“无忧宫”的小离宫，与几座附属建筑以及林泉一起，与那座有名的日光神社［东照宫］大概是同时建造的。营造了这些建筑物和林泉的小堀政一是一位大名，同时也是艺术家。小堀远州［即小堀政一］凭借自己的声望，提出了三个条件并请求批准。这对现代的建筑师来说简直是梦话。第一个条件是“不计较费用”，第二个条件是“不催促”，第三个条件是“不提建议”［当然更不会做出提交图纸之类的事］。

小堀远州绝不是为了建造奢华的建筑才提出这些条件的。不仅如此，用最简朴的形式和施工来处理一切才是他的本意。他知道要实现最高级的素朴，需要很多的劳力和时间。因此，首先要确保可以用大量时间去尝试并且能够按照自己的意愿去做的自由权。也就是说，为了完成自己给自己的任务，他必须拥有这样的自由。小堀远州深思熟虑，试图摆脱当时佛教建筑泛滥的中国的影响。也就是说，要表现出日本建筑的创造性精神，就要把当时的“现代化”课题与日本国民独特的感情和直觉进行调和。他的思想和同时代建造的日光神社的思想完全相反。因为他和他的辅助人员已经反复思考过，所以就算雇主来到建筑师们的作业工地做出种种批评，也不过是给他们添麻烦而已。虽说当时的独裁者全无艺术造诣，但毕竟还残留着一些从优秀建筑中感受美的能力，因此，小堀远州才能够贯彻自己的要求。

桂离宫的美，需要沿着整体布局所营造的顺序，在安静、深刻地思考并反复观赏之中才能显现出来。这种建筑的美是无法通过简单的文字描述来如实记录的。现代文明中人们都步履匆匆，对于那些匆忙中还有意愿充实自己的人，如果以下叙述能起到一点概括性的指南作用，那么笔者将不胜欢喜。

桂离宫在设计理念上与施工上一样，也十分具有日本特色，继承了伊势神宫的传统。伊势神宫是这个国家最高贵的神圣之地，它的艺术形式来源于还没有受到中国影响的遥远时代，布局、材料和建筑结构都无比简洁。一切都是清纯的，因此又无限美丽——要表达这个概念，最恰当的日语词就是“きれい”。因为这个词同时表达了“纯净”和“美丽”。伊势神宫是发祥于史前时代的建筑，可以说是日本的卫城，但不是像卫城一样的废墟。伊势神宫每隔 20 年[或 21 年]就要用上等的材料重建，而且由于历史十分悠久且来历不详，其形式依然保持着远古的样式。不仅如此，神宫在精神意义上也绝非废墟。日本国民都将它视为创造了悠久国土和国民精神的神殿，献上深深的崇敬。这座庄严的建筑的历史可以追溯到遥远的古代，建筑材料却永远是新的，因此它才能成为现代世界最大的奇迹。建筑师自不必说，和建筑相关的人们一定都要去参拜一下这座建筑的圣殿。

纯真的形式、清新的材料、达到极致素雅的明朗开阔的构造——这才是伊势神宫展示给日本人也展示给我们的魅力。这座伊势建筑建造完成之后，大概 15 至 17 世纪时日本盛行纤巧文化。当时日本文化产生了多种多样的分化，国民的哲学以及艺术教养都明显受到中国的影响。当时，中国凭借繁荣的商业发展、规模宏大的政治模式和远征的宏图等引起了日本人的高度关注，中国文化以压倒性的力量传入了日本。中国文化对日本而言，就好像雅典的希腊文化对古罗马一样。但是这个类比不一定妥当。日本对外来文化的影响并不仅仅是吸收、同化［日光神社这样不开化且浮夸、华丽的建筑另当别论］，不久后日本人便凭借自己特有的纤细感觉摆脱了中国建筑中特有的中规中矩以及奇奇怪怪的风格，将它们转换成了柔软、流动的线条。天才小堀远州给伊势神宫“灌注”了日本强大的创造性精神，将原始的日本式感情和日本精神古典文化形成时的中国文化兼容并蓄，并试图将它们与极度分裂的“现代化的”精神生活进行调和。

要着手准备一项伟大的事业，深思熟虑和细腻的感情是必不可少的。要理解这个成就所具有的重大意义，不如试着思考下述事项。假设现在日本的某位建筑家，在与小堀远州拥有同样条件的情况下——虽然要满足这些条件在现在近乎痴人说梦——让他创造纯日本式的建筑来对抗欧美风格滥觞的日本现代建筑，结果会怎样呢？这确实是个宏大的课题，对于现代的日本来说，可能过于宏伟了也未可知。无论如何，日本终究还是要解决这个问题的。但我们很难预言这个课题是否能够完美解决。但是我们可以断言，这个课题是有可能解决的，而且我认为只有借鉴桂离宫才能解决。桂离宫不仅是历史典范，实际上还有更重要的地位。桂离宫蕴含着创作现代建筑作品所需的一切原理和思想，它所蕴含的许多元素已经具备了超越时代的完整性，只要稍加变更便可应用。这么说只是一种倾向和期许。换言之，现代建筑如果要超越短暂的流行、名声，展现出永恒的力量就必须要这么做。

要如何用简短的语言来描绘像桂离宫的宫殿和庭院那样精致巧妙之物的本质呢？人们看过日光神社会留下什么样的印象呢？对桂离宫的印象又如何呢？在日光神社，眼睛一直有接收不尽的景物，最终让人疲惫不堪。与此相反，桂离宫也要用眼去看，然而极少有东西仅凭借眼睛看就能完全体会。德国某位著名小说家曾说："本以为日本的古典建筑有多了不起，不料那只不过是'仓库'。"——他指的并不是日光，这一点让人感到惊奇。日光只需要用眼看，没有一样东西值得深入思考。然而在桂离宫，不思考则无法欣赏到真正的艺术之美。小堀远州的艺术把眼睛变成了通往思想的变压器，眼睛静静地看，同时引发思考。

但是在这种时候，现代的人们不可避免地会碰到一个特殊的难题——现代人往往把建筑当作绘画来欣赏。换句话说，就是倾向于在建筑中追求绘画性的"效果"。从总是被人误解的古希腊艺术，尤其是古罗马及文艺复兴对左右对称的强迫性追求开始，最终产生了

“正面”，即“用于展示的一面”这一概念。结果就有了正面和背面的区分。然而这样的事，又或者说这样的概念，在桂离宫是不可能找到的。

桂离宫入口的门、屋舍、房间、庭院及其他一切陈设，并没有像军队一样整齐地排列，它们不是在上级的指挥下前后左右“编成的”队伍，它们每个部分都有自己存在的作用和意义，且遵从自己的目的和本分，浑然一体，宛如统一的生命体，极致纯净、简约又不失美感，因为它是由各个自由的个体组合在一起形成的良好共同体。桂离宫的宫殿和林泉作为世界建筑奇迹，呈现出了许多关系融会贯通、畅通无阻的巧妙结合。每个部分都具有各自独立的力量，而这些力量汇聚在一起形成了一个圆满、自足的整体，现代真正的奇迹就是这样产生的。这些关系成就的明白、纯真的特性，覆盖到了宫殿的附属建筑物，即三栋茶室以及根据各自的作用而分化出的庭院的细节。这里成就的最纯粹的简朴，也正是能够真实地体现日本精神的东西。

但是，桂离宫不仅能够满足精神上的需求，还兼顾了实用性、有效性。只要是对日本房屋的本质，日本的风土、生活方式以及建筑方法稍有了解的人，对于这里所谓“有用”的意义，在见识过桂离宫无可挑剔地做到物尽其用的样子之后，都会为之惊叹。无论从哪个方面来看，都不得不说“要追求比这更加极致的简朴是不可能的”。

实际上，这种程度的简素，一般的住宅也很难做到。可是小堀远州将“功能性”上升到了精神意义的层面。通过林泉前往茶室[松琴亭]的道路环绕着潺潺的流水和小小的瀑布，是哲学意义的铺垫，是最先创作的和谐的田园诗。这一带之后景色开始变得严肃——海边常见的粗砺石块、伸入湖中的小岬角、立在“外端”的一座石灯笼，森然矗立的石块似乎在对来访的人高声喝道“静思！”，延伸到茶室前的粗大石桥。在大房间里[一大间]，大家忘记身份高低，其乐融融地开着茶会，吃着点心，远处小瀑布的声音再次传入耳中，看到阳光洒落水面的灿烂光芒。回过头来看，贴满青白两色方格花纹奉书纸[1]的壁龛映出光芒闪耀的瀑布水，氤氲着淡淡的蓝色——这种设计是其他任何地方都未曾见过的独特构思。乌龟在池中的岩石上晒着甲壳，咚的一声沉入水中；鱼在水面上跳跃，鳞片闪烁；夏蝉在树荫下吟唱着清亮的歌谣。这一带的庭院适合来散步放松，有一种温和的雅趣。“世界实在是美丽。”但不要来这条路——也就是说，无须专程来这条路，静静地伫立在中门[2]旁边，从这里也可以看到庭院中美丽的景色。但是这样看到的景色不过是一部分，上面所说的林泉之美尚未真正展现出来。

然而站在古书院的赏月台上，林泉的整个景观宛如盛宴一般展现在眼前。只有在这里等候谒见天皇的宾客才能隔着池塘遥望松琴亭，欣赏无限美丽的池景，同时又能向右边展望起居室侧翼［新书院］的庭院。实际上，林泉的壮观只有在休息室［古书院二之间］才可以随心所欲地观看。在天皇居室——新书院的庭院，仅看漂亮的草坪和围绕它们的树木的话，和德国普通农家的庭院相比几乎没有什么差别。如此简朴、一刻都让人舍不得“眨眼”的庭院，在其他任何地方恐怕都找不到。

在桂离宫，艺术即意义。

---

[1] 奉书纸：一种较厚的高级日本纸。

[2] 中门：指在寺院建筑中，南大门和主要建筑物之间的门。或指区分茶亭内外露天边界的门。

第七篇

日本建筑的基础

今晚贵会[1]给我的演讲题目范围非常广，涉及很多方面。不过为了报答大家对我寄予的信任，我将尽自己所能来论述这个课题。

日本建筑涵盖的领域极为广泛，从古至今各种各样的建筑形式，以及各个历史时代所呈现的各种风格，一方面具有单纯、明快和优雅的特点，另一方面又有奇异恣肆的装饰与之对立，而有时两者会在同一建筑中共存。一想到这些，一开始我几乎要放弃仅凭一席演讲就详尽论述的尝试了。

处理这个问题只有一种途径。如上所述，即便只是极其简略地表述日本建筑总体的特征，也避不开日本建筑的二元化特色、要素之间的绝对对立。大家可能会想问我：为什么我会持有这样的见解？只不过是简略地通观了整个日本建筑，是否够资格提出这一本质性的对立，尝试进行一种批评？

现在我们身处在日本的环境之中，我们每日目光所及之处是日式建筑，了解到的是各种各样的日本建筑。因此，我们不应更执着

[1] 布鲁诺·陶特受国际文化振兴会的委托，于1935年10月30日，在东京的华族会馆做了此次演讲。

于寻求它们之间千差万别的变化，而是应当厘清日本建筑的主要轮廓，即像在汪洋大海中利用指南针确定方向一样，为我们所看到的各种建筑物寻求发展方向。

然而这样一来又产生了新的风险。我自己就是一名建筑师，因此对于历史事物的批判，会被我自己想要实现的艺术观所制约。艺术家阐释艺术或者进行创作，从这个意义上来说，具有主观性是理所当然的。话说回来，到底是否存在客观的艺术论？不仅仅是滴水不漏地叙述历史资料，而是指出古老艺术作品的风格问题，或是阐明其“本质”——换言之，在超越时间和空间的基础上进行公平、公正的判断，这样客观的艺术论真的存在吗？

古代东洋建筑的最高权威之一伊东博士，近日在日本某专业杂志上说：“50 年前欧洲人来到日本，他们说日光神社［东照宫］是日本最有价值的建筑物，日本人赞同此说法。如今布鲁诺·陶特认为伊势神宫和桂离宫才是最珍贵的建筑，我想日本人也会如此认为。”

白川村

这一东洋特色的讽刺巧妙无比，远胜过我们欧洲人的种种长篇大论。

归根结底，我们只能阐述自己的意见，或者说最多只能让被遗忘的东西再次回归现代人的视野。我曾经读过两三本关于日本的著作。布林克曼[1]是德国东洋美术的最高权威之一，他的著作《日本的美术与工艺》充分佐证了伊东博士的观点。伊势的内宫和外宫，对他而言也只是充满异国风情的奇妙建筑而已。他认为这些优秀的建筑物只是表现了日本民族的奇特性，对于其建筑价值及美观性丝毫没有提及。他甚至把鸟居[2]称为“死门”。然而当他来到日光神社，被日光神社的美观所震撼，甚至感觉心脏再次因为美而开始悸动，在书中花了大量篇幅来赞颂它。无独有偶，美国人莫尔斯[3]在他的作品《日本的房屋及其环境》[*Japanese Homes and Their Surroundings*]中对日本充满温情，表现出对装饰的强烈兴趣，指出日本装饰的特点是简单、克制，但这也不过是看到了日本人特殊自然观的感伤一面而已。

---

[1] 布林克曼[Brinckmann，1843—1915]：德国艺术史家。他的著作有《日本的美术与工艺》[*Kunst und Handwerk in Japan*, 1989]等。

[2] 鸟居：类似牌坊的日本神社附属建筑，代表神域的入口，用于区分神栖息的神域和人类居住的世俗界。鸟居的存在提醒来访者，踏入鸟居即意味着进入神域，之后所有的行为举止都应特别注意。

[3] 爱德华·西尔维斯特·莫尔斯[Edward Sylvester Morse，1838—1925]：动物学家、考古学家、作家和日本陶瓷收藏家。从1877年起，他总共在日本生活了两年半的时间。

相比近期出版的大部分同类书，这些著作在学术上更加专业，和德国某著名小说家[1]的意见更不可同日而语，这位作家将日本最优秀的建筑作品［伊势神宫］所具有的古典性、单纯性与普通的仓库相提并论。那么在上述著作被创作出的时代，人们又是如何看待日本艺术的呢？在绘画方面，世人的目光几乎全部集中在浮世绘艺术——即木版画上。布林克曼给对北斋最为关注，甚至在书中花费大约 50 页的篇幅来介绍他。与此相反，对于今天被认为比北斋更伟大的歌麿[2]，以及清长[3]、春信[4]都只是简单地提及。而后来被世人“发现”的写乐[5]，对他而言就如不存在一般。与浮世绘相较，真正称得上伟大艺术的非水墨画莫属，即富有禅宗气韵的挂轴，在他看来也和伊势神宫一样，为了完善书的体例才略作了记述。不仅对确立了日本绘画基础的雪舟[6]、狩野元信[7]、探幽、永德[8]以及山乐[9]着墨不多，就连关于光琳[10]的记述也极为稀少。对池大雅[11]的介绍仅有两页，对日本最大的天才浦上玉堂[12]只字未提，而且同样

[1] 这里好像是指德国的表现主义小说家卡斯米尔·爱兹奇米德［Kasimir Edschmid,1890—1966］。

[2] 喜多川歌麿［1753—1806］：日本江户时代浮世绘画家，与葛饰北斋、安藤广重有“浮世绘三大家”之称，也是第一位在欧洲受欢迎的日本木版画家。

[3] 鸟居清长［1752—1815］：以歌舞伎艺人的画像开始自己的艺术生涯，但他不久就放弃了画派的传统而追随其师清满学画仕女。至天明时代［1781—1789］初期，他已具有自己独特的艺术风格，而且到 1815 年逝世为止一直忠守不变。

[4] 铃木春信［1725—1770］：日本江户时代浮世绘画家。本名穗积次郎兵卫，号长荣轩。致力于锦绘［即彩色版画］创作，以描绘茶室女侍、售货女郎和艺伎为多。受中国明末清初"拱花"印法的影响，在拓印时往往压出一种浮雕式的印痕，自成风格，被称为"春信式"。

[5] 东洲斋写乐［生殁年不详］：日本画家，与喜多川歌麿同一时期活跃于画坛。主要作品有《三代目大谷广次》《三代目坂东三津五郎》。

[6] 雪舟［1420—1506］：日本画家。名等杨，又称雪舟等杨。生于备中赤浜［今冈山县总社市］。作品广泛吸收中国宋元及唐代绘画风范。

[7] 狩野元信［1476—1559］：日本室町后期画家，狩野派第二世。为狩野派始祖正信之长男［一说次子］。通称四郎次郎、大炊郎。代表作《大德寺大仙院客殿袄绘》《妙心寺灵云院旧方丈袄绘》等。

[8] 狩野永德［1543—1590］：日本画家。名州信，通称源四郎。1543 年 1 月 13 日生于山越国［今京都］，卒于 1590 年 9 月 14 日。他的传世作品还有《唐狮子屏风》《桧图屏风》及《洛中洛外图屏风》等。

[9] 狩野山乐［1559—1635］：狩野永德的弟子。在狩野宗家移居江户后［今东京］，他开创京都狩野派。现存作品有《牡丹图》《松鹰图》等。

[10] 光琳［1658—1716］：日本德川时代的画家、装饰艺术家。代表作《风雷之神》被列为国家的瑰宝。《松岛的浪》和《浪》是其石和海浪题材的屏风画代表作品。

[11] 池大雅［1723—1767］：日本画家、书法家，代表作《日本名胜十二景图》《山水人物图》《楼阁山水图屏风》等。

[12] 浦上玉堂［1745—1820］：日本画家、乐师，冈山藩主池田的家臣。早年学琴，研习儒教学说及南画。1795 年辞去家臣职位后，漫游日本各地，最后定居江户，协助复兴"雅乐"［即宫廷音乐］。他自学成为第一流画家，以惊人的写实主义笔法再现各种景物，《东云筛雪图》是其杰作之一。

完全没有提到田能村竹田[1]。因此对于这些学者们而言，小崛远州的艺术和桂离宫无异于不存在，所以完全没有提及也就不足为怪了。正因为如此，我们才有勇气发表自己的意见。如果说我们的见解具有主观性，那么前人的见解在这方面也毫不逊色。至少我们通过发表自己的看法，可以弥补艺术史上的一些空缺。

艺术本身是无法定义的，是拒绝一切量化和公式化的领域。尽管如此，艺术领域依旧会对人的理性产生影响。实际上，如果不是如此，人仅有理智就会变得羸弱，无以延续。因此，艺术虽然否定所有量化的定义，但绝不是神秘的、暧昧的。艺术的形态，即艺术的来源便是人的情感。情感一旦有所闲暇、感觉安稳，全部集中在艺术上的话，便能最终对它的优劣做出判断。美丽的艺术形态，即使无法探寻其起源，但它的客观存在已是不容抹杀的事实。

很多艺术学家对艺术学做出了如下结论：艺术学不过是记录艺术作品并进行分类的学科，不存在把艺术作品的“本质”和评价作

[1] 田能村竹田（1777—1835）：文人画家。出身藩医之家，早年攻儒学，因政见不被采纳而前往京都过自由的文人生活。据说曾往江户向谷文晁学画，于绘画别具一格。

为对象的学问。对于遥远的地方出现的文化和过去的文化，即使是大致的程度，学者也无法像创造者自身一样进行观察。

然而对古代艺术的批评必然受到现代的观点和期望左右，这一点和对新艺术的批评毫无二致。因为归根结底，和艺术作品对话的都是我们自己。如果艺术作品能够符合我们当前最大的期望，那它对我们来说就是有用的作品。因此我们在批评古代艺术时必然诉诸现代的喜好和趋势，和批评新艺术并没有什么不同。

所谓“永恒的美”——无论哥特式[2]大教堂还是多利亚式[3]神殿，也不管是伊势神宫还是桂离宫——依据各自的国土、水土以及其他条件才能永恒，总之就是最纯粹、最有力地满足制约每件艺术作品的形式的一切事物所提出的要求。

今时不同往日，永恒的美已不仅仅停留在外形相似上，因此并不要求模仿得多么巧妙，而是要遵循优秀艺术作品的精神，以最清晰、纯正的形式呈现现代风格。因此在今天，所谓的异国性的东西一般

---

[2] 哥特式：一种兴盛于中世纪高峰与末期的建筑风格。它由罗曼式建筑发展而来，为文艺复兴建筑所继承。发源于12世纪的法国，持续至16世纪。哥特式建筑的特色包括尖形拱门、肋状拱顶与飞拱。

[3] 多利亚式是古希腊古风时期的典型建筑风格之一。多利亚式柱子没有柱础，直接立于基石之上，柱身粗壮，柱头简单，有顶天立地般的雄伟气魄。

不存在。对日本来说欧洲没有，相应地，对于欧洲而言日本也没有。不论国土和民族有多么不同，其理性的、美的东西，在世界各地都是明确、平等的。如果了解到这一点，我想各国应该在各自走向进步的同时，认识到各自的错误。

在欧洲各国，争相模仿古代艺术作品风格的狂热时代已经过去了几十年，美国及其他西方国家则刚脱离这一阶段，但它们都在努力创造出符合现代目的，以及在材料、构造、技术及其他一切方面都简单明了的建筑形式。然而这些形式中蕴含的情感很混乱，唯一能给情感带来支撑的传统被迫中断。而且，无论在过去还是在现代，能够有机发展的才能流行。不管是穿浪漫、忧郁的服装，或者是穿现代风格的衣服，不变的是它们都是流行、风潮。如同人们总是追随潮流，弄不清自己该穿短裙还是长裙一样，建筑界当前也没有弄清楚前进的方向是该往左还是往右。也许在将来我们能够相互一致，确保少数必要的元素，着手展开可持续、可承继的工作之前，这种方向上的混乱有可能会继续存在。这种现象无论在哪国都会出现，现代日本也不例外。但是日本的纯粹性在1900年的历史中已形成传统，在欧洲尝试摆脱变装舞会一般光怪陆离的状态时，日本提供了巨大帮助。现代欧洲的艺术家们，最初在英国，其次在德国和奥地利，受到了与自然直接相关的日本绘画和装饰的强烈刺激。但是抓住欧洲建筑师的心的，既不是茶室中使用的自然树木的奇妙形状，也不是对时代气息的偏爱，既不是非对称的形态，也不是短小精致的形式，更不是日光神社浮华的过度装饰。他们学到的是清晰、明澈、单纯、简洁、忠于自然素材等理想化的观念，而且即便是今天也还在继续学习。话虽如此，他们并不仅仅是学习这些观念，他们对日本的爱也与大多数外国人不同，实际上这种现象到今天也是一样。一般来说，欧美人对日本感兴趣，是因为对他们而言，日本是一个特殊的存在。他们给日本贴的标签和向日本寻求的东西，其实偏重于日本的地方特性，这些其实很少能够引起真正的建筑家的兴趣。他们仍执着于 50 年前学者们所持有的观念，即“世界是艺术品装饰的博物馆”的想法。他们在住宅里陈列着许多古董，好像要把住所打造成一个博物馆。总之他们还不明白：艺术贯穿过去，延续到现在，还将持续到未来，人类的创造将永无休止。

伊东博士指出，日本人对本国艺术的判断过于依赖欧洲人，这一批评确实够中肯。日本人现在比西方人更加疯狂地追求表面的模仿，因此古老的优良传统已经中断，同时追求“质”的观念也消失了。尽管日本人拒绝了对古老传统的深厚情感，沉迷于对外国文物的模仿，那是因为异国风情引起了他们的兴趣，但他们十分清楚，欧洲、美国所喜好的那些日本事物毫无风趣，但他们却遵从了欧美人的兴趣和判断。因此，日光神社至今仍是日本的一大名胜，也最受外国观光团的欢迎。

当然，即使是我也并不否定具有地方特色的建筑占据了巨大的比重。但是它们只有日本人才能理解，因此对于世界艺术的新创造丝毫没有贡献。不止如此，我认为它们对日本建筑今后的发展也没有太大的帮助。

接下来我要说的话可能会让许多日本人觉得是在亵渎圣物。茶室中常常表现出一种卓越的美，这毋庸置疑，但是无论多么考究，茶室对于现代日本都不可能有贡献。茶室不是建筑，可以说是即兴创作的抒情诗，并不是唰唰写在纸上的诗，而是以木材、竹子、隔扇、榻榻米、墙壁等为素材的诗。过去茶室的宗匠们把重点放在了能让心情纯净的主观性上［一期一会］，正因为如此，单纯的重复会立刻让这种美消失。如果这些宗匠们生活在现代，在许多旅馆、餐馆或个人住宅中看到茶室的元素——比如天然木材质的柱子，内置了圆竹的墙壁，或是田园风的篱笆，不规则的庭院铺石，甚至是庭院本身——恐怕都会脱口而出：拙劣的赝品。以冥想与宇宙成为一体为宗旨的禅意也终究不得不流于凡俗。因此最初茶室恬静的风格与宗匠的个人气韵是同化的，不久后却被世人异化成了定式的陋规、无味枯燥的范式。这方面茶道本身也是一样，茶室建筑的细节也是一样。

茶室里的许多元素被引入了住宅，其中确实有一些利于后者的发展。它们使得住宅整体上形成宁静悠然的氛围，即在京都常见的“茶趣”便是它。但是这种“趣味”完全排斥镂空的雕刻、不自然的均衡或者矮小奇异的东西。这种高雅的趣味来源于禅宗，要求氛围素雅，即达到一种超然的和谐。

在这里，我没有必要花费很大篇幅来阐释日本房屋保有的特征，即保持日本的本土、传统的习惯和独特的和谐。“壁龛”，作为文化、艺术及精神的成果是举世无双的创造。无论在任何时代、任何国家都可以模仿、借鉴——即便形式有所不同，它都值得被传承。西洋画家根据自己的喜好创作绘画作品，但他们不知道自己的作品会被人如何利用，又悬挂到何处。然而，在日本的房屋里，绘画的用途以及悬挂场所从一开始就是确定的。日本的房屋通常都强调“虚空”，不会让过去的任何回忆弥散在各个角落。这里确实缺少西洋房屋中

"居住舒适"的特征，没有足够多的家具、地毯、窗帘、桌布、靠垫、绘画、壁挂等。房间整体极为通透，通风自由。正因为如此，它们不会让过往的追忆像用白色粉末做了印记一样，在墙壁上或是在房间的角落处点染，压抑居住者的精神。

西洋最严谨、认真的建筑师所受到的影响主要来源于此，欧洲及美国的现代室内建筑的沿革实际上在日本都能找得到。

但是日本为了成就这种趣味的文化，不得不付出非常昂贵的代价。日本自然灾害频发，然而建筑师来到这里，如果想要学习对抗暴风雨、地震及火灾的建筑构造和技术方面的预防设施，他将一无所获。也就是说，日本完全没有与西方传统或者现代建筑结构观念相对应的设施。日本的房屋大量采用厚纸工艺，遇到地震和暴风雨就会出现震动。选材倒是精细，但毫无趣味可言。合乎规格、尺寸均等的柱子是不会被马上折断的，但是危险一旦增大，屋顶就会压在折断的柱子和倒向边缘的柱子上。然而日本建筑却有着其他独一无二的要素，至今仍在一般新建房屋中反复出现，即支撑房顶的细长柱子上承载着粗梁。实际上这些梁设在古老的房屋、农家等建筑内是很让人担心的。我仔细研究过日本房屋的建筑工程，木匠们虽然在其他方面的建造上是合乎逻辑的，但在这一点上，却无视一切逻辑。我佩服他们把沉重的梁悬在空中的工艺，但这种做法实在让人佩服不起来。像这样在细长的柱子上放置粗达半米的梁，不管日本人给它起再好听的名字，也无法否认这种做法的不合理性。或许有人会将此事归结于日本人的国民性，也会有人以日本人亲近自然为由为这种做法开脱。当然日本人与自然亲密毋庸置疑，而且确实在创造属于本国的文化。但是就这个问题而言，我认为日本人太不了解自然，实际上，自然界非常任性，经常通过令人毛骨悚然的地震、台风、火灾或洪水向人类施威。

这种对于结构基本概念的欠缺是否是日本式的独特个性？我心存怀疑。不，我宁愿认为这是偏离正轨的、不可理解的。简言之，和大多数来日本的游客感兴趣的异国风情一样，它是一种颓废现象，归根结底是非日本式的。日本人在建筑上，也就是在技术、结构以及城市规划上如果想要塑造一个新的有机体，只要我前文所述的主张还有一些道理，我将全力支持他们的想法。因为这一想法不仅是日本精神的美学体现，更是合情合理的活动，其宗旨是将日本和西洋结合起来解决现代日本面临的极其困难的课题。

那么我们就来大体回顾一下日本建筑史的梗概吧。

自 6 世纪佛教传入奈良时代的日本以来，日本同时也受到了来自朝鲜和中国的各种影响。也正是从这个时代起，人们对日本文化中包含的哪些要素是日本式的、哪些不是这一问题的批判性探讨开始了。

在史前时代并没有产生此类问题，实际上那个时代的遗物并没有多少今天所说的日本特色的东西。纵观古代的武器和首饰等，与其说它们的形式具有地方性特征，倒不如说是国际性的，甚至容易令人联想到小亚细亚和迈锡尼文明。如果其中有日本特色的东西，那就是以金属、燧石[1]为材料的极其精巧的工艺品。再看看这些器具上雕刻着的房屋，都是毫无技巧的高架住房[2]，在与日本国土条件相同的国家也都是采用这种建筑方式，有些地方至今仍在沿袭。比如在斯堪的纳维亚地区为了防范冰雪和地表涌水，在瑞士为了防范鼠害而建造了这种类型的房屋。实际上在日本农村，至今仍保存着这样的国际特性。这种农家的轮廓，如果刨除基于特殊地方风土的特色，不仅与欧洲各地极为相似，有时甚至完全一致。比如在德国的黑森林地区[3]、北部低地地区可见的高高的茅草屋顶，另外，在阿尔卑斯地区，在木板屋顶上放置压石做成露台的房子，在塞尔维亚及巴尔干地区的农家等，都是明显的例子。就连屋顶的土壤上长草这种情景也经常能在欧洲看到。

这样的原始日本文化，在伊势神宫上达到了极致体现。伊势神宫每 20 年或者 21 年就以同样的形式被重建，据说到现在为止已经重建了 60 次之多。因此今天流传下来的形式可以追溯到奈良时代，

[1] 燧石俗称火石，是比较常见的硅质岩石，燧石质密、坚硬，多为灰、黑色，敲碎后具有贝壳状断口。

[2] 高架住房：在海边、湖边或湿地打进圆木桩，在其上架设横木作为房基建造的住房。

恐怕当时神道在与佛教对抗的同时，也因受到这新来的宗教刺激而达到了最高的艺术水平。

但是，伊势神宫和出云大社[4]等其他神社不同，它完全没有采用佛教建筑的风格，只有在楼梯的栏杆里能看到极微弱的佛教风格的影子。伊势神宫绝对是日本式风格，在日本也没有比这更日本式的建筑了。那么，伊势神宫最主要的特征是什么呢？

首先，伊势神宫完全不包含任何与人类理性相悖的要素。其结构虽然简单，但其本身是具有逻辑性的。和后世的日本建筑一样，它没有用顶棚遮挡屋顶内侧，其结构本身构成了美的要素。也正因如此，柱子和其他部分没有必要一一遵循力学计算。这里的建筑是真正的建筑，不是单纯依靠工学工程师之手所造的建筑物。这和帕特农神庙完全相同。在希腊使用大理石，在日本以茅草屋顶为素材，创造了究极的外形。帕特农神庙的这种平衡感和轮廓受希腊透明、澄澈的大气的影响，伊势神宫则适合日本湿气重、雨水多的风土。

---

[3] 黑森林地区 [Schwarzwald]：德国最大的森林山脉，位于德国西南部的巴登—符腾堡州。

[4] 出云大社：位于岛根县出云市。占地27000平方米，是日本最古老的神社之一，也是被冠有“大社”之名的神社之一。供奉的神是被称为“国中第一之灵神”的大国主大神。

二者立足的根本条件差异巨大，但人类的精神在这两种条件下都创造出了极为纯粹的结构形式。在伊势神宫，一切事物都具有艺术性，没有任何一处讲究奇技淫巧。秀欣的原木干净顺滑；拥有完美曲线的屋顶——但是屋檐和屋脊都没有做反翘处理——与立柱和铺满小石子的地面结合在一起非常清爽。实际上，这里完全没有任何破坏结构完整性的装饰。屋脊上排列着的硬木材两端镶着的金色金属零件，与屋顶极为调和。就连供奉在神前的绿枝和白纸，也与整体环境非常协调。

日本人经常强调时代气息具有特殊的魅力，用“侘寂”这一概念来概括日本整体的艺术观。然而，伊势神宫却没有留下“侘寂”的痕迹。伊势神宫总是新的。对我来说，这才是日本特有的性格。令人窒息的旧时代气息被排除，与此同时，一切非建筑性的附加物，即背离纯粹建筑的一切装饰也被全部排除。这些东西虽然都是无用、多余的，但在伊势神宫之所以会被完全放弃，大概是因为人们意识

白川村

到每20年要重建一次，这些东西完全没有意义。

在我们今天所见的伊势神宫大体成形的同时，奈良时代的佛教建筑也开始在日本生根。最初建立的寺院，如新药师寺等也展现出了简单、明晰的日本式精神，法隆寺及其他众多位于奈良的建筑物更是无须多言。再举一例，法隆寺采取了打破平衡的非对称形式，七堂伽蓝[1]不再拘泥于生硬的中国式布局，这也极为著名，无须赘述。圣德太子将木工的地位提升到了很高的位置，因此现在被当成木工的守护神来膜拜。事实上，这些都证明日本的木工在建造复杂的寺院建筑时也展现了极高超的技术。但是新承接的这种建筑风格破坏了他们原本精妙的结构感。之后，佛教寺院的屋顶已经谈不上构造，完全沦为了装饰，因此它们也都称不上是“建筑”了。当时的木工们最初被强制接受新的信仰，之后感喟于新来宗教的甚深智慧，拜服在了它的脚下，丧失了原本对逻辑的天然敏感。原本曾在日本存在过的对结构的建筑原则最终消亡，其原因恐怕就在于此。

---

[1] 七堂伽蓝：原指具备七种堂宇的寺院，引申为堂宇齐备的大寺院。日本方面，“七堂伽蓝”一语似是江户时代用语。日本最古老的伽蓝建筑以飞鸟时代［7世纪后半］的法隆寺为代表。入其寺，经南大门、中门，至寺中央有金堂与塔并置；北有讲堂、北室；东置鼓楼、东室；西建钟楼、西室。其周围有回廊围绕。此系以金堂与塔为该伽蓝之中心，称为百济式七堂伽蓝。

很多日本人都说，日本人的精神里并不存在对建造永久存续的建筑物的追求，试图为日本房屋的容易坍塌进行辩护。然而，佛教寺院虽然结构感极差，却拥有雄伟的规模。实际上，法隆寺、宇治的平等院等寺院或已建立近千年，或超过了千年的漫长岁月。而且就算是与宗教无关的普通民房建筑，也至少可以举出一个极其有力的反证。13 世纪被源氏消灭的平家残党逃到了飞驒白川[1]的深山里。这里有几家农户[2]到今天为止——当然已经重建过多次——仍保存着昔日的结构。这些房屋在构造合理且有逻辑性这一点上，放眼全日本都可说是非常独特的存在。我仔细检查了那里最大的房子，甚至到了最顶层的屋顶，确认了木匠在这里使用的逻辑，发现所有都与欧洲的理论严密一致。这样的结构可以被命名为哥特式。屋顶与欧洲中世纪相同，是精确的三角结合［合掌屋顶，即人字形屋顶］，对于竖向的风压和地震，通过巨大的不规则材料进行加固，并且将屋顶的重量极合乎逻辑地转移到了侧柱上。因此白川村的木匠，像对待如

[1] 飞驒国古称斐太、斐陀。位于今岐阜县北部。大化改新时立为一国。废藩置县后初为筑摩县，明治九年与美浓国合为岐阜县。白川即今日本岐阜县白川乡。

[2] 指白川村御母衣［日本地名］的远山家。

今常见的日本房屋一样，在安装墙壁、门窗等工序之前没有必要为了防止房屋断裂或倾倒，进行暂时性的加固。

关于白川乡的谜团，我至今没听到过一个清楚的说明。但是，我认为凭借“平家是高度浓缩的日本文化——在具有美感的同时，还具备合理性的文化——最后的负担者”这样的见解，就能够很好地说明。这种文化留下的唯一瑰宝就是平泉[3]的金色堂[4]。金色堂通过珍贵的螺钿工艺[5]和其他装饰展示了与拜占庭式建筑的相似之处，也因为其艺术性的自由和雄伟，表现出了国际化的性格。话虽如此，正如世事的常态一样，这种文化又屈服于野蛮且欠缺思考的暴力之下，就这样，日本连同平家一起，既失去了健全的建筑美学，也失去了自身天然具备的理性基础。

因为今晚是短时间的演讲，无暇提及从镰仓、室町时代，到17世纪乃至江户时代初期等各个时期的建筑风格受中国佛教影响所表现出的种种变化，以及许多细节问题，敬请谅解。禅的影响，成了约

[3] 平泉：位于东北地方中央，岩手县南部的一町。平安时代末期，这里是奥州藤原氏的根据地。

[4] 金色堂：长治二年[1105]，藤原清衡兴中尊寺，首建最初院，其后，相继造立大长寿院、金堂、三重塔、经藏、金色堂等。其中，金色堂系清衡为自己所建的葬堂，安置有藤原三代的肉身像，闻名遐迩。

[5] 螺钿工艺：以螺壳和贝类为材料镶嵌在器物表面的一种装饰工艺。

束武将们追求奢侈华丽的建筑观的重要调节因素。由于当时禅宗超脱于诸阶级之上，许多遁世者不仅仅是一介武士，大名、将军、甚至天皇也进入禅门。因此，即便是粗野的专制者也不能完全抛弃某种哲学、艺术修养的外衣。但是这终究只是外衣，秀吉营造的聚乐第[1]的遗构［飞云阁］[2]清楚地显示了这一点。根据专制者的命令而建造的建筑物，实际上是极其脆弱的。

这种专制者艺术的巅峰之作就是日光神社。这里既看不到伊势神宫的纯粹构造，也没有最高级的明澈；既没有材料的洁净，也没有协调的美丽，几乎没有什么配得上“建筑”这个称呼。而弥补这座建筑的欠缺的，只有过度的装饰和浮华之美。

但是日本人中的天才为了完成一项伟业，又重新站了起来，正如日光神社的建筑和时代一样。从 1589 年到 1643 年，桂离宫在京都近郊建成。这座建筑所取得的特殊成就，在其他类似的建筑物上也得到了重现。尽管如此，桂离宫依旧可以和伊势的外宫一起称为

[1] 聚乐第：安土桃山时代末期，丰臣秀吉于京都内野，即平安京大内里遗址东北，今京都市上京区兴建的城郭兼邸第。

[2] 飞云阁与金阁、银阁共称为京都三阁，是日本国宝之一。

日本建筑孕育出的世界标杆式的作品。日本式思想中包含着纯正高雅的元素，在距离奈良时代已经千年的现在，日本式思想中纯正、高雅的元素和在历史长河中分化出的种种技术、哲学精神结合起来，再一次凝聚在桂离宫的建筑之上。

讨论像桂离宫这样所有部分都相辅相成，构成无限多种关系的伟大艺术作品，就如同论述伟大的文学作品一样，需要多次的讲演。据说桂离宫还和小堀远江守政一有关。但是我几乎没有得到过关于他的历史文献。

无论事情的真相如何，桂离宫的建筑都可以认为是日本史上天才艺术家卓越的精神成就。我们在修学院离宫和其他建筑上也能看到许多优秀的东西，然而无论是建筑还是庭院，桂离宫所拥有的不拘泥于任何陈规、卓尔不群的自由精神，都只存在于桂离宫。日光神社和被誉为世界名建筑的名胜一样，呈现出的效果取决于各部分的总和，就好像 20 万军队能够胜过 2 万军队一样。然而在桂离宫，

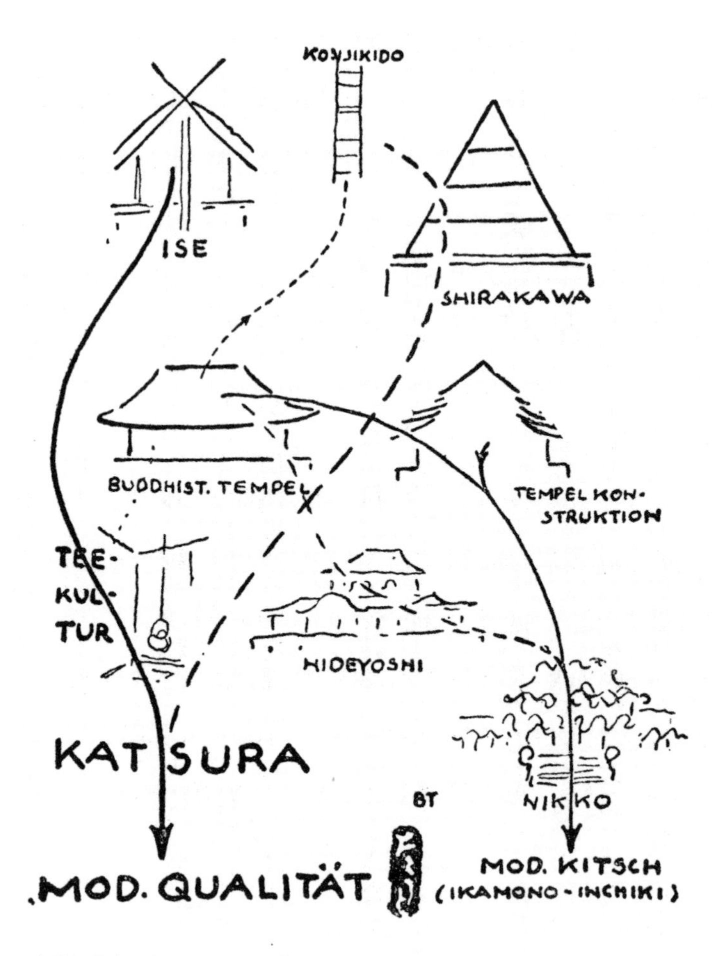

实的粗线表示肯定，开始于伊势神宫。但是由于受到佛教建筑的影响，这条线并不是笔直的，这是因为从白川村的农家蕴含的合理的结构性要素，已经从日本建筑中消失了。佛教，特别是禅哲学，通过茶道文化赋予了日本建筑精神美学，最终通过桂离宫的建筑和庭院形成了连接伊势神宫的第二高峰。另外，虚线表示否定，开始于堕落为装饰的佛教建筑构造，着重服务于当时专制统治者炫耀权威的欲望。

日本建筑史概观［布鲁诺·陶特画］

所有要素都各具自由的个性。它们就像是一个个不受任何强制，完全按照本性行事，并且保持良好和谐性的社会成员。桂离宫的确是文化世界中首屈一指的奇迹。比起帕特农神庙、哥特式大教堂或者伊势神宫，这里更显著地展现出了“永恒之美”。它教我们要带着和用在桂离宫中一样的精神去进行创造。只限于日本的东西、地方性的东西等不值一提，桂离宫所展示的原理才是绝对现代的，对今天的任何建筑都是完全适用的。

小堀远州侍奉德川将军成为伏见奉行［江户幕府官职名］，据传他庇护了丰臣方的政治犯人。当我们热切地注视着他的肖像时，不得不承认他的容貌中隐含着几分苦涩的意味，时至今日还仿佛能看到他的苦恼。虽说桂离宫是为皇族而建造，但小堀远州也必定是遵从当时的权力关系，接受德川将军的命令才开始着手修建。而且将军为了装饰东照宫，把无数的艺术家召集到了日光，与此同时，小堀远州在桂离宫却没有使用任何装饰品。

日本在同一个时代建了两座特色完全对立的建筑，为世界呈现了独一无二的“双面镜”，也就是说，这里有自由的精神所创造的拥有自由灵魂的艺术，也有根据命令而累加了各种各样元素所建的作品，只不过后者绝称不上是建筑物。

日本的建筑文化在后来再没能达到高于桂离宫的水平，但也没有再低于日光神社。日光神社是未能被完全吸收、消化的进口商品。与此相反，桂离宫是将当时所存在的一切影响都吸收进建筑精神并很好地消化、运用的作品。

当今的日本面临一个十分简单的选择，那就是，要选择在自己国家历史中所创造出来的处于两个极端的建筑中的哪一个。就现如今的建筑而言，是以桂离宫为创作原型还是以日光神社为创作原型，要分辨出来并不为难。用装饰——大体上就是以有佛教特色的装饰——来弥补建筑的不足之处，建筑师不过是单纯的雇工，建筑的设计风格已经被强制要求——这就是日光东照宫。

与之相反，当建筑师有足够的自由，能够认真、真诚地解决新出现的问题，当建筑师凭借自己的能力得到世人认可、有希望成为现代的“大名”时，桂离宫就是他们遥远的目标。实际上，这样的建筑师能给这个国家的大问题——现代日本几乎完全欠缺的新城市规划问题——带来决定性的影响。

我会选择这两种途径中的哪一种，或者说希望日本选择哪一种，恐怕大家都没有任何疑问了吧。另外，为了构建现代日本文化，哪个途径是正确的，也无须再问了。

附录

岸田日出刀 | 布鲁诺·陶特是何许人

[编者按] 岸田日出刀 [1899—1966]，东京大学名誉教授、工学博士。培养了前川国男、丹下健三等活跃在近现代的著名建筑师。曾担任日本建筑学会会长、文化遗产专门审议会第二分科会专门委员、东京奥运会设施特别委员长等。

布鲁诺·陶特是何许人也？

用一句话形容：德国的世界级建筑师。十多年前德国正处于“一战”后时期，当时我们还只是在大学里攻读建筑学的学生，而他就已经在理论和创作方面大放异彩了。马格德堡[1]的建筑师布鲁诺·陶特的名声如此响亮，使得我们这些年轻的建筑科学子都对他十分敬重。

前些年在德国时我无缘拜会陶特先生，心中一直引以为憾，直到昭和八年 [1933] 春，先生携妻访问日本，这才有幸在大学和他们

[1] 马格德堡 [Magdebuirg]：德国城市，位于易北河畔，805 年建城，13 世纪为繁荣的商业中心，现是萨克森—安哈尔特州的首府。

畅聊一番。之后先生夫妇停留在日本并热心地探究日本建筑乃至日本整个国家的精髓所在。他们认真努力的身影让我内心不由得生出一股尊敬之意。

陶特先生虽有教授的头衔，但使其扬名世界的无疑还是他作为“建筑师布鲁诺·陶特”的身份。陶特先生的著作不少，但他所创造出的建筑作品数量更多，且十分优秀。他也许不像勒·柯布西耶那般才华横溢，但从他的著作和建筑作品中我们能够感受到严谨沉稳的态度。

布鲁诺·陶特 1880 年生于普鲁士的哥尼斯堡[1]，起先学做泥瓦匠，后来专攻建筑，担任斯图加特[2]著名建筑师 T. 菲舍尔[3]的助手数年，1921—1924 年还担任了马格德堡市的设计师。当时德国正值“一战”后表现主义时代，马格德堡的布鲁诺·陶特成为与柏林的汉斯·珀尔齐格[4]、埃瑞许·孟德尔松[5]、彼得·贝伦斯[6]、沃尔特·格罗皮乌斯等人齐名的建筑师。也是在这一时期，陶特创办了建筑学杂志《晨光》[*Frühlicht*]。

---

[1] 哥尼斯堡 [Königsberg]：加里宁格勒的旧称，曾是德国东普鲁士的一部分，1772 年成为东普鲁士王国的首都。“二战”结束后，根据《波茨坦协定》，哥尼斯堡连同东普鲁士北部地区划入苏联版图。

[2] 斯图加特 [Stuttgart]：德国第六大城市，位于德国西南部的巴登—符腾堡州中部内卡河谷地。

[3] T. 菲舍尔 [Theodor Fischer，1862—1938]：德国著名建筑师。

1925年后陶特搬到柏林，规划并建造了许多大规模的集体住宅区。时至今日他已然成为这一领域公认的权威，柏林工业大学[Technische Hochschule]甚至曾专门聘请他开设“住宅建筑及集体住宅”讲座。1932年后陶特前往莫斯科，为苏联政府设计建造面向外国旅客的大型宾馆。由于该计划临时停止，在昭和八年的春天，他终于来到向往已久的日本游历。

自1919年开始，布鲁诺·陶特先生几乎每年都有著作问世。

1919年他发表了《城市之冠》[*Die Stadtkrone*]，1920年发表了《阿尔卑斯建筑》[*Alpine Architektur*]、《宇宙建筑》[*Die Weltbaumeister*]、《都市形态》，1921年至1922年主办了杂志《晨光》，1924年发表了《新住宅》[*Die neue Wohnung*]，1927年发表了《一住宅》[*Ein Wohnhaus*]、《建筑，新住宅》[*Bauen. Der Neue Wohnbau*]，1929年及1930年分别发表了《现代建筑》及《欧美的新建筑》[*Die neue Baukunst in Europa und Amerika*]。

---

[4] 汉斯·珀尔齐格[Hans Poerzig，1869—1936]：德国建筑师，设计了柏林大剧院。

[5] 埃瑞许·孟德尔松[Erich Mendelsohn，1887—1953]：生于东普鲁士的奥尔什丁。20世纪具代表性的建筑师之一。他最著名的作品约建于1920年代，艺术风格应该被归为表现主义。

[6] 彼得·贝伦斯[Peter Behrens，1868—1940]：德国现代主义设计的重要奠基人之一，著名建筑师，工业产品设计的先驱，“德国工业同盟”的首席建筑师。

这些著作我虽没有全部阅读，但只看书名便可得知它们都与陶特先生的专业——建筑有关。然而陶特先生并非仅仅精通建筑专业技术，这点在他的作品《现代建筑》中有明显体现。他在论述现代建筑时并没有一味解释新时代的技术，而是从根本上捕捉时代的特质，从而探究阐明现代文化的本质，并在此基础上强调现代建筑的普遍必然性。

本书体现了陶特先生的日本观。外国人对日本存在刻板印象，这于我们而言早已是屡见不鲜，然而本书中揭示的陶特先生的日本观绝不同于一般外国人对日本走马观花的印象。陶特先生寡言少语，长期以来始终用他哲学家般的眼光审视日本，最终荟萃成了本书。

我近日在读吉田兼好，字里行间恍惚可见陶特先生的风貌，极让人怀念。看待外物的眼光竟能与兼好相合，足可见陶特先生对日本的研究之深。遂希望有更多读者能够一睹本书，特做推荐。

水原德言 | 建筑家的休息日[1]

［编者按］　水原德言［Mihara Yoshiyuki，1911—2009］，1930年参加井上房一郎在高崎举办的工艺设计活动，并结识了陶特。陶特的日记中曾多次提到水原德言，而水原也经常被外界形容为“陶特唯一的弟子”。陶特曾这样记载两人第一次见面的情形：“井上先生那里有一位艺术素养很高的助手。这位青年名叫水原德言，他颇有家学渊源，父亲会画传统的日本画，还擅长书法。目前他负责按照我的草图或指示来制作小工艺品及织物的图案，我对他最具亲近感。水原先生有时会拿过去的绘画作品或版画来给我欣赏。昨天他问我，浮世绘画师中我对谁的评价最高。我立刻回答说是春信。当时看水原先生的表情，显然他完全赞同我的意见，我不由自主地笑了。这样的快事很是难得。”

布鲁诺·陶特形容自己在日本的生活是“建筑家的休息日”。这位在德国设计过12000户规模的大住宅群的建筑师，到日本后却没有了从事设计的机会，仅主持了热海日向家别邸地下室的改建及大仓氏宅邸的修建，因此他才这么调侃自己。

水原德言和陶特关系密切，陶特去世后，水原写了回忆文章，记载了陶特许多鲜为人知的轶事。

[1] 本文摘录于月刊《上州路》1975年9月号［asawo社］刊登的《关于群马县和陶特的关系》的表记等部分内容。

群马县和陶特的关系[2]

可以说，到现在这种情形都没什么变化，更何况是在40年前。那时当地很少有外国人居住，而且还是曾经西欧社会享受优裕生活的上流阶层，普通日本人根本没有机会接触到他们。

陶特曾是柏林夏洛腾堡工学院的教授，德国顶级的知识分子，生活水平当然也是最高的。即使是在今天，普通德国人的生活和日本人也有相当差距，至于40年前的高崎，更具体地说是八幡村这种山里农村的村民，他们的生活和陶特对比已经不单单是差距，而是隔着想象力都无法抹平的鸿沟。像陶特在柏林的那种住宅[3]，在高崎根本无法想象。

比如我曾到过韩国一个名叫“潭阳”的城市，附近的山村让我觉得回到了自己小时候待过的日本农村，倍感怀念。我很自然地觉

---

[2] 陶特在群马县高崎的日子。1933年5月3日，陶特来到日本。他激动地记录下了自己对这里的第一印象："多彩的色彩、绿色，何等美妙的景色！我从未见过的美丽。彩虹般闪耀的水面，完全是一个崭新的世界。"他辗转京都、大阪、东京等地演讲、著述约半年。由于前往下一个目的地——美国的签证迟迟未能拿到，于是决定在日本长期居住。同年11月起，陶特担任仙台国立工艺指导所的指导员，约四个月后辞职。来到群马县高崎是在1934年8月1日，离开日本前他一直都生活在这里，大约两年零三个月。在日本期间，陶特停留最久的就是在高崎，居住在少林山达磨寺旁边的洗心亭里。陶特的居所很朴素，但陶特非常喜欢这朴素的居所和周围丰沛的绿色。在洗心亭，陶特专心工艺指导与著述，阅读日本的古典文学及建筑书籍，和来访的知识分子畅谈。广濑大虫住持及其家人、村民们的热情极大地抚慰了这位背井离乡且远离本职工作的德国建筑师的心，这些在陶特的日记里曾多次提到。

得那里很美丽，想着如果能融入那里的生活该有多好。心头涌出强烈的愿望，想要逃离被浮华文明浸染的地方。这是一种民俗学式的兴趣。

如此想来，我便能理解陶特是如何看待少林山的村民们了。可以想象，陶特抱有一种罗曼蒂克的喜悦，觉得当地未开化的原始风味有趣，因此高崎街道只要稍微翻新或投入资金装饰，建造规模较大的建筑，他便会批评其品位的低劣。

陶特在高崎的教育会上演讲时曾说，街上装饰的假樱花是日本人之耻，是社会的一大罪恶，应当受到刑法处罚。然而直到今天这些装饰依然是商业街景观统一化的工作之一，当地人们很为自己了不起的工作感到自豪。陶特欣赏的恰恰是当地人想要摒弃的，陶特批评的却是乡下人觉得好的。双方的认识显然存在差异，相互间有着难以回避的误解。我们阅读日记[4]时必须了解这一点。此外日记的内容已经做过适当的取舍与选择，对于这些内容的日文译文，阅读时不应当再依照个人好恶加以取舍。

---

[3] 柏林的集体住宅作品，20世纪20年代，陶特在柏林设计了许多为劳动者建造的大规模集体住宅。其中大多是现代化的高层住宅，他为改善居住环境下了很大功夫，如运用了表现主义的色彩设计及有计划的绿植种植等。

[4] 陶特的日记：陶特的日记里记录了他从抵达日本直到离开的每一天。日记由陶特口述，和他一同赴日的秘书、搭档艾丽卡·比提西记录。日记用复写纸写就，一份保存在日本，一份寄给了陶特在德国的亲人保管。由此可见，陶特从最开始就有在某一天公开日记的打算。这些日记被译成日文并于1957年由岩波书店出版。如本文接近结尾时水原所述：德国文学学者篠田英雄考虑到还有许多相关人士在世，因此省略了日记的部分内容。陶特的日记之所以能广为人知，篠田优秀的翻译功不可没。

不认识红酒架的时代

曾和陶特接触过的当地人浦野芳雄[5]写了一本《追忆布鲁诺·陶特》。通过这本书就能知道当时少林山下的村民们是如何同这位少见的异邦人相处的。村民们见识少，所以看他做什么都觉得匪夷所思。现在可能是常识的事情，当时的浦野就不知道——比如放葡萄酒的竹筐，酒瓶要横着放。陶特委托他做个流线型红酒架，他觉得酒瓶要横着放简直不可思议。两人的思维完全不在一个次元，根本无法沟通。

浦野称赞陶特对日本的古典文化理解透彻，这其实很令人费解。陶特来日本后两个月时间里欣赏到的日本文化的代表性文物、传统艺术、传统技术等，即便是现在的我都不敢说已经全都看遍了。当时在乡下生活的人们不可能有机会见识陶特的学养，自然也无法了解他对日本文化的理解程度。事实上，浦野连陶特经常挂在嘴边的“桂离宫”都不知道，才会在自己的书里写了“东学院”这么一个莫名其妙的名称。

以上我并不是在褒贬谁，只是想通过浦野的事情告诉读者当时民众普遍的状况。

---

[5] 浦野芳雄，居住在高崎的俳句诗人。井上房一郎的好友，和井上商量后，井上介绍他住进了少林山达磨寺洗心亭。还曾担任过井上主办的〝高崎木工制作分配组合〞的理事。以《追忆布鲁诺·陶特》[1940]为蓝本，电影导演黑泽明创作了剧本《达磨寺里的德国人》。这篇剧本在1941年12月号的《电影评论》上发表，曾计划作为黑泽明导演的处女作拍成电影，但最终未能实现。

高崎的工艺运动

为什么陶特会来到高崎？我和井上房一郎[6]先生一番交谈后了解了其中真相。

久米权九郎[7]先生建议井上来照料陶特，似乎藏田周忠[8]先生也持相同意见。实情应当是在东京很难照顾陶特周全，所以他们将担子甩给了井上。

虽然人们对陶特非常热情，但由于不晓得陶特要待多久，便很难帮他找到合适的途径来赚取生活费。恰在这时，人们得知井上正在尝试各种工艺开发，于是将陶特推荐给了他。

只是陶特也有自己的愿望，希望到真正需要自己的地方去。因此在他看来，自己是在帮助井上，这为两人之间的关系埋下了误会的种

[6] 井上房一郎［1898—1993］：是在高崎经营建筑、土木工程等各类事业的大实业家井上保三郎的次子。考入早稻田大学后到巴黎游学约八年，其间接触了塞尚和贾科梅蒂的作品，深受其影响。1929 年回国，继承家业的同时发挥自己的才能及学识从事工艺开发。后被选为商工省贸易局特聘专家，成为群马县立工业试验场的指导员之一，以高崎为中心致力于群马县内家具、漆器、木工、竹艺、染织等的产业化。他也亲自进行工艺品及家具的设计。井上努力展开研究、设计、培养匠人及产品销售，倡导为大众提供优秀工艺品的工艺运动。陶特非常赞同井上的理想，决心协助他。井上一生都在为当地的文化运动做贡献，参与了群马县交响乐团、群马县立近代美术馆的创办。水原在这篇文章中写到了陶特和井上之间的误会及纠纷，但井上自己对此始终没有多说过。自己竭尽所能地筹措陶特的生活费，让他能够专心于工作，结果非但没有换来感谢，反而受到了陶特不少非难，井上似乎有些不平。据说安倍能成曾安慰他："比起什么都不做，完全置身事外，关照他、被责难更需要勇气。"井上也向刊登水原这篇文章的杂志寄去了名为《迎来陶特时我的工作及其背景》的稿件。和陶特分别大约 40 年后，井上评价当时那段时间是"人生中珍贵的一个阶段，我无比怀念"，并真诚地说："我们两人一同工作，我从陶特那里学到了很多。但两人在美的哲学方面有些理念不同。"

子。然而被寄予厚望的井上没有能力筹措令陶特满意的费用。井上家的确资产雄厚，陶特需要的这点钱不算什么，但当时井上刚从巴黎回国，还要靠父母生活。众人希望他将在巴黎学到的东西活用起来，因此他前往高崎的工业试验场，为了让那里培养的学徒们有工作做，创建了“高崎木工分配组合”等组织。井上在工业试验场内的“井上漆工部”亲自开展设计工作，我也参与到了其中。我一个人忙不过来，之后漆工部又吸纳了一名熟练匠人及若干学徒。那时是昭和五年，之后我就在井上手底下全面负责设计工作。东京也有许多人对井上的工作感兴趣，希望能提供支持。从包豪斯回国的山肋严夫妇[9]、独自致力于研究普及飞白花纹布及手工纺织呢[10]的蜂须贺年子夫人、以打造日本的“小包豪斯”为目标在银座创办“新建筑工艺学院”的川喜田炼七郎先生[11]、从德国归来后为了在自由学园[12]创办工艺部而奔走的羽仁光子及今井二人等，他们都非常赞同井上倡导的综合性工艺运动。当时说起工艺，世人想到的都是在帝国美术院展览会上展

[7] 久米权九郎［1895—1965］：久米设计的创始人。20 世纪 20 年代到德国和英国学习建筑。回国后和渡边仁一同开办了渡边久米建筑事务所。之后又开设了久米建筑事务所。代表作有“日光金谷酒店”“轻井泽万平酒店”等。久米带陶特参观三井男爵宅邸，陪同他去了花柳舞蹈研究所及筑地小剧场等，热情向他介绍日本文化和建筑。还曾邀请陶特到自己在原宿的家中、箱根的别墅里做客，帮他找大仓陶园顾问的工作，对陶特关照得无微不至。久米权九郎的父亲久米民之助是明治时期参与过皇居二重桥及铁路、土木建设的技师、实业家，也是一名政治家。由于父亲是群马县出身，久米权九郎在高崎也有人脉，将陶特介绍给了井上房一郎。

出的精美器物。为颠覆这一传统，他们开始集合起来创作与生活密切相关的真正工艺。

川喜田炼七郎将高崎比作马格德堡，也即是将井上比作了马格德堡的陶特；自由学园的羽仁、今井二人将高崎比作德绍，也即是将今井抬到了和格罗皮乌斯一样的高度。

陶特能来高崎也因为他认可了高崎这个城市，否则仅仅靠井上是大资本家的儿子这个理由是无法打动他的。陶特还是德意志制造联盟的会员，因此他做工艺运动的指导员也可说是个必然选择。然而高崎的工艺运动才刚刚开始不久，一切都还在发展当中，1934 年 8 月陶特到来时，每个部门都还没有自立的能力，更不必说有能力负担陶特这种德国一流教授的报酬了。这部分费用只能由井上个人承担。不仅报酬，工艺运动连制作样件的费用都拿不出来。他们也曾想过借助工业试验场这个县内公立机构的力量，但当时的规定是纳入县财政的钱是取不出来的，因此往往一次试制之后便没有了经费，工作就停了下

[8] 藏田周忠［1895—1966］：和石本喜久治、堀口舍己等人同为分离派建筑会的成员。1927 年起担任东京高等工艺学校的讲师。1930 年访德，接触到陶特的作品及包豪斯的作品，最早向日本介绍了欧洲的后现代主义。陶特来日的前一年即 1932 年起担任武藏高等工科学校的教授。他不仅是一名建筑师，还是一名建筑新闻工作者，同时还与今和次郎等人一起从事民居研究，在多个领域都非常活跃。如本文中所述，他将自己的学生送到陶特身边，帮助陶特进行绘图等工作。1942 年，出版了回忆陶特的作品《布鲁诺·陶特》。

来。因此他们试图通过工艺品店“Miratiss”[13]销售产品来筹措试制费用，但由于很难制作出适合当时人们生活水平的商品，店铺一直赤字，陷于资金困难。

---

[9] 山肋严［1898—1987］：在东京帝国大学学习建筑。和茶商之女山肋道子［1910—2000］结婚，成为入赘婿。1947年设立生产工艺研究所。代表作有“榉树屋”“三岸好太郎画室”等。同时还是摄影师、舞台美术家。1930年，夫妻二人留学包豪斯。1932年回国。次年，夫妻为拜访在高崎的陶特前往井上家。道子在自己的著作《包豪斯和茶汤》中记载，自己当时被见到的织物深深触动了。也正是以此次拜访为契机，道子决定将自己设计的小型机织机放在高崎制造。

[10] 飞白花纹布及手工纺织呢：除创立“高崎木工制作分配组合”“井上漆工部”以外，井上房一郎还组建了“高崎 Tasupan 组合”，将高崎绢做成宽幅布，作为西装面料销售。不久后高崎 Tasupan 组合更名为 Tasupan 株式会社，之后又变更为 Miratiss 株式会社，从事布帛的制造和销售。Miratiss 株式会社主要将群马县伊势崎的特产飞白花纹布做成西装面料，还在工艺所染织当地绵羊出产的羊毛，到村子里加工成手工纺织呢销售。当时出身华族的服装设计师蜂须贺年子也给了不少建议。

[11] 川喜田炼七郎［1902—1975］：在东京高等工业学校学习建筑，在帝国饭店的建设现场工作期间开始在远藤新手下工作。1930年，他在乌克兰设计的哈尔科夫剧场入选国际设计大赛，受到广泛关注。他在店铺设计、室内设计、设计教育等领域都颇有建树。1932年，他在东京的银座创办新建筑工艺研究所，学习包豪斯学院开展造型设计教育。不久后，新建筑工艺研究所改组为新建筑工艺学院，培养出了龟仓雄策、勅使河原苍风、桑泽洋子等众多日本设计、文化界的杰出人才。陶特来日的前一年，他在《建筑工艺 I See All》中翻译、介绍了陶特的著作《宇宙建筑师》。

[12] 自由学园：自由学园是羽仁吉一、元子夫妇在1921年创办的基督教女校，目标是掌握高效家务劳动等的女子教育。夫妻两人都曾工作于报知新闻社，1903年创办了《家庭之友》［不久后更名为《妇女之友》］。元子制作的家庭收支簿大受欢迎。此外，该校的毕业生山室光子、今井和子留学欧洲，在捷克斯洛伐克国立工艺学校及包豪斯学院学习设计，学成后于1932年创办了自由学园工艺研究所［本文中“羽仁光子、今井二人”的表述有误］。

[13] Miratiss：专门销售井上房一郎处制作的工艺品的店铺，1933年7月20日在轻井泽开始营业。1935年2月12日，在东京的银座开了第二家店。银座店的室内装修由陶特设计，招牌也是陶特书写的。店内销售陶特设计的工艺品，竹艺台灯、木制可伸缩书立等热销一时。由于商品售价高昂，顾客都是外国人和部分富裕阶层的人。受战祸影响，1943年10月，该店关闭。

创造力和合作人

我负责的样件从来就没有先限定预算然后制作的。如果一开始就想着省钱，那根本就没人愿意接手这些东西。比如将一根竹子切开编成的台灯等，当时获得的评价很高，这是委托东京一位名叫黑田道太郎的竹工才做出来的，而且也没有完全符合陶特的设计。像我们这种只会按陶特的指示画图的学生根本无法完成。陶特不了解竹艺的技术，图里有些地方画得乱七八糟，因此我们必须得理解他想要什么，向匠人们做说明。比如他设计的方案，将一根竹子破开制作台灯。可能他以为竹子不管多长都是一样粗，和铁管一样，但现实中根本没有这样的竹子。只不过我们做得看起来像那么回事，陶特很满意，看过的人也都赞不绝口。

在这一点上，称赞陶特的人们也有误会的地方。人们可能会觉得不可思议，但上野伊三郎曾在文章中明确地说：陶特曾在简单的构造及力学方面犯过幼稚的错误。陶特曾设计过挂蚊帐的柱子。一般吊蚊帐的绳都是拴在建筑物的柱子或梁上，但陶特专门设计了独立的柱子，把蚊帐挂在上面，这样就能将它随意移动了。

陶特很得意自己这个创意："以前没有类似设计才是奇怪。"按照他的设计，圆形底座上安装柱子，柱子上有象牙做的挂钩，将蚊帐的吊绳拴在挂钩上。但这样的话柱子必然会倒。框架［Rahmen］结构是钢筋计算的基础，陶特不可能不知道，但如果柱子只是一面受到张力，必须将柱子固定，否则倒掉是肯定的。这么简单的事情，但陶特完全听不进反对意见。最终我们还是做出了样件，结实的日本七叶树柱子、圆形的大底座，底座上还有增加重量的铸铁压块。当然，即使做成这样，挂上蚊帐后柱子还是倒了。把压块重量加到一个人都抬不起来，也还是做不成。最后陶特只能无奈放弃。如果换算成现在的日元，试制费用大概有 30 万到 40 万元左右。我负责了一些细节部分，比如怎样才能让象牙不从柱子上掉下来，最后终于做到了挂上蚊帐象牙也能固定。方法我至今都还记得，只不过再也用不上就是了。但陶特的这些缺点很少有人提及，陶特自己在日记中也没提到过。

为什么他会犯这么简单的错误呢？因为在德国一直有杰出的合作者能够支撑、配合陶特，理解他的创造力并充分发挥、表现出来。这个人就是弗朗茨·霍夫曼。两人自 1909 年以来便一直合作，在柏林的设计事务所也取名“陶特·霍夫曼事务所”。陶特特意选在事务所的成立纪念日 8 月 1 日来到高崎。昭和十一年 8 月 1 日还写信给柏林，充满感动地回忆 27 年前的美好缘分。

陶特能够发挥他天马行空的能力，很大程度上得益于霍夫曼的配合。仅有陶特的话，恐怕他很难发挥出自己的真正实力。

在高崎工作期间，每个完成的作品上陶特都会盖上特别设计的“陶特·井上”印章。印章包含着思路、创意、设计为“陶特”，质量及制作由“井上”负责，二人精诚合作的期许。换言之，陶特试图将“陶特·井上”打造成日本工艺品领域的“陶特·霍夫曼”。

然而不幸的是，井上并不具备这方面的才能。井上也有着自由奔放的创意和理想，对美的追求十分热烈，同时他欠缺处理具体事务及经营企业的能力。无论是在建筑还是其他工艺品方面，他都不是一个能循规蹈矩地，或者说是科学地发挥自己能力的人。甚至可以说，他是一个比陶特更天马行空的人。陶特的创意如果符合他的想法，那就付诸实施；相反，如果他觉得没有必要，那陶特说想做也没有用。

从这个意义上讲，陶特的期望被辜负了。两人意见相同的时候极少。双方也都没有自己让步去向对方妥协的表示。当然，陶特根本也不可能妥协。两人关系如此，自己还不得不在高崎工作，陶特心里想必也会有失落。这种时候，慰藉他的是少林山洗心亭生活中大自然的抚慰及寺内人们对自己的温暖。陶特自己称这段时间为“建筑家的休息日”[14]，意思是平淡不刺激。对于一个以建筑师身份为豪、对建筑事业抱有极高使命感的人来说，这种日子就像被折断了手脚。少林山唯一的好处可能就是不会触及陶特的这个痛处了。

[14] 关于陶特在日本的建筑作品。陶特热切希望在日本创作属于自己的建筑作品，但真正得到施工建设的只有两件。"建筑家的休息日"一语出自陶特日记中的"我已经很长时间没参与建筑工作了——这简直是'建筑家的休息日'。"

1933 年 10 月，大阪电气轨道公司将"生驹山小城市计划"提上日程。奈良县生驹山附近的小丘上建有游乐场，经日本国际建筑会的中尾保牵线搭桥，大阪电气轨道计划在周围建酒店和别墅群。如果能够真正建成，陶特在德国时就抱有的阿尔卑斯建筑思想便可以落到现实中，因此陶特投入了很多心血进行设计。项目宣布中止时他非常失望。

1935 年 5 月，实业家大仓和亲委托久米权九郎设计自己在东京麻布的宅邸。陶特也参与其中，修改了外立面设计。由于陶特是在建筑结构已经确定后参与进来的，因此陶特有许多不满意的地方。这一建筑现已无存。

此外，虽然没收到正式的委托，陶特还参与了少林山达磨寺大讲堂的改造计划。陶特住进少林山两个月后，于 1934 年 10 月进行了设计。大讲堂落成于 1927 年，原本是要用来做禅宗道场的。之后接受过陶特指导的藏田周忠门下的学生们以及工艺试验场的侭田郁彦等人住了进去，摆好绘图仪器把这里用作了工作室。水原记载："与其说是设计室，这里更像是陶特教场，教育、引导着青年们。"

讲堂是铺了榻榻米的道场，用于采光的开口部位很低矮。为了让阳光能照到绘图架上，人们对讲堂进行了改造，在配房装了采光的格窗。再后来，有人提议以讲堂做校舍，开设"陶特学校"。12 月，陶特写了《少林山建筑工艺学校方案》，阐释了自己的基本理念。但这一方案也没能实现。

1935 年 3 月 14 日，陶特在日记中写下了自己在少林山设计川崎宅邸及大仓宅邸时的感受："这几天专注于建筑师的工作，简直如痴如醉。"可见陶特是多么热切地盼望能做一名建筑师的工作。

1935 年 3 月，陶特还设计了规划在东京等等力的集体住宅和川崎宅邸，但都未能建设。次年 4 月，陶特受托设计日向家别邸的地下室，这也是他在日本留下的唯一的建筑作品。虽然不是建筑整体的设计，但他依旧搬到神奈川县热海的施工现场附近，在为其准备的民房中积极展开了工作。吉田铁郎协助设计，水原担任监理。地下室壁纸使用了高崎产的绢织物，竹材相关部分起用了本文中提到过的竹匠黑田道太郎。陶特充分活用了自己在高崎的工艺指导经验。1936 年 9 月，陶特离开日本不久前，工程建设完成。

旧日向别邸的庭院内。以在草坪上舒展着身体的陶特为中心，周围是艾丽卡、水原德言、吉田铁郎等。
收藏：岩波书店

孤傲的陶特

据说至今还有许多群马县的人认为陶特是流亡的犹太人，被祖国追杀，所以隐居在少林山。纵使陶特真的是犹太人，他作为一个优秀人才的价值也不会有丝毫改变。不过陶特恐怕从来没想到自己会被误会作犹太人。

在思想方面，青年时期的陶特的确受到过克鲁泡特金的影响，经常在作品里引用他的话。陶特之所以能与诗人保罗·史克尔巴特结下深厚友谊，与此也不无关系。陶特可以说是个带有理想主义色彩的人道主义者。他反战,和纳粹的思想格格不入,以至于他不得不离开德国。

昭和十一年是“二·二六”事件爆发之年，日本从此在法西斯道路上越走越远。讨论陶特，就避不开当时的社会环境。陶特憎恨纳粹，即便是要离开心爱的孩子们[15]到异乡生活，为了坚持自己的信念，他从来也没有后悔。要做到真正理解陶特的心情，就意味着自己

---

[15] 关于陶特的家庭关系，1906 年，26 岁的陶特和海德薇格·沃尔加斯特结婚。海德薇格住在陶特常去的柏林郊外的科林村，家中经营铁匠铺兼旅馆。当时有许多年轻艺术家聚集在科林，那里活泼的氛围极大地刺激了年轻的陶特。
陶特和海德薇格生了长子海因里希、长女伊丽莎白。陶特离开后，一家人不仅断了收入，还因反政府活动嫌疑被课以重税作为惩罚，物质、精神上都十分困苦。孩子们由陶特的弟弟马克斯及其妻子、海德薇格的姐姐二人抚养。
同来日本的艾丽卡·比提西是陶特曾经的部下，两人从 1916 年开始同居。两人生了女儿克拉丽莎。两人曾在达莱维茨的家中和克拉丽莎、艾丽卡同前夫的孩子恩米一起生活过一段时间。

也敢于做出和陶特一样的选择，但当时的日本不可能有这种人。陶特只能在完全没有人懂得自己的异乡忍受孤独。以陶特的社会地位，即使不帮助纳粹，只要肯妥协，放弃反纳粹的立场，哪怕是在战时也能在柏林谋个大学教授的位置，维持稳定的生活。因为自己内心的正义感，陶特没有这么做。但日本没人坚持这种正义感，日本人无法直面陶特也是自然的事情了［陶特的弟弟马克斯·陶特就留在了柏林］。自己做不到，所以才会谣传陶特是被纳粹追杀的犹太人。日本人无法理解陶特出于正义感反对自己祖国的情操，因此才会将这归结到人种的原因上。陶特如果不是犹太人，他们就理解不了陶特为什么会来日本。这就是所谓的“口不对心”吧。《陶特全集》中，出于某些原因把我冠名为译者出版了《阿尔卑斯建筑》。这是陶特在德国创作的著作中唯一一部原汁原味翻译成日语出版的作品，从中能够清楚地感受到陶特的反战思想。陶特持反纳粹的立场，但当时日德签订了《防共协定》，日德联盟不断巩固。因此陶特被严密防范，少林山受到了监视。

来日本时，有些日本熟人知道艾丽卡不是陶特的正妻，但大家都拿她当陶特夫人对待。水原在其他文章中说，自己当时根本没想过艾丽卡不是正式的妻子，陶特死后知道这件事时非常震惊。最初二人打算在日本短暂停留后前往美国，但一直没能获取赴美的签证，不是正式夫妇也是原因之一。

在日本期间，艾丽卡出色完成了秘书的工作。她为不擅长英语的陶特做翻译，记录陶特所说的话。陶特能够坚持著书立说，艾丽卡功不可没。陶特在土耳其去世后，艾丽卡携他的遗物及面部模型来到了日本。拜艾丽卡所赐，日本才得以留存陶特的影集、书信、原稿等资料。

陶特的自负

还有一件重要的事情，当时日本建筑已经过了模仿欧洲的阶段，国粹主义的皇冠样式开始流行。

来到日本的外国建筑师先有弗兰克·劳埃德·赖特、威廉·梅瑞尔·沃里斯，和陶特同时期的有安托宁·雷蒙德[16]。他们都是美国人——当然，雷蒙德可能只有国籍和美国有关系。陶特很讨厌美国[讨厌美国对陶特来说是不幸，对日本来说则是大幸。陶特由于讨厌美国而选择了日本，日本因此获益良多]。

陶特初到日本时住的是大丸社长下村正太郎的家。讽刺的是，这座宅院是美国人沃里斯设计的。可能是照顾下村的情绪，陶特没过多指摘这座宅院，但他无疑是看不上里面的设计的。之后陶特在东京时一直住在赖特设计的帝国饭店[17]。对这里陶特可没留情，毫无顾忌地进行了批评。我也曾听陶特亲口说过自己对赖特很失望。之后帝国

---

[16] 安托宁·雷蒙德［1888—1976］：生于捷克。青年时期迁居美国。1919 年旧帝国饭店建设时，他作为弗兰克·劳埃德·赖特的助手来到日本。1922 年开始独立工作。随着第二次世界大战的激化，雷蒙德回到美国。战后他再次来到日本，1973 年离开。其间设计了"读者文摘东京分社""圣保罗天主教堂""东京女子大学讲堂 chapel"等众多现代主义作品，对日本的现代建筑史产生了重大影响。雷蒙德和井上房一郎在陶特来日本前就见过面，由于这一缘分，雷蒙德才会在 1961 年为高崎设计"群马音乐中心"。1934 年 6 月 6 日，陶特造访雷蒙德的事务所。他在当天的日记中批评道："雷蒙德的作品不偏不倚，讲求中庸，但没有明确的性格特点。"其他还有多处带有讽刺意味的批评文字。

饭店被拆，陶特也没有觉得特别可惜。

然后是雷蒙德，陶特对他也评价不高。日本还没人在欧洲工作过，没人真正了解欧洲，这些人跑到这里照搬勒·柯布西耶的作品，还冠上自己原创的名声。陶特将柯布西耶都视作浅薄的建筑家，自然更看不上这些人了。

关于这一点，井上和陶特的意见有分歧。井上以为：音乐有作曲家和演奏家，造型艺术也应当容许演奏家式的作品存在。陶特到来之前，井上指挥制作的很多都是毕加索绘画的翻版、从外国杂志获得创意的作品。之后陶特看到它们后的评价是“小偷”，说既然认定毕加索有趣，那为什么不直接找毕加索来做，直截了当地否定了井上的做法。在当时的日本，盗用外国设计的现象司空见惯，大量建筑作品里或多或少都能看到海外作品的影子［现在的井上家宅邸也是复制了雷蒙德的作品］。

吉田铁郎[18]设计的中央邮政局则完全不同。他完全没有借鉴

---

[17] 对帝国饭店的批评。去过京都后，陶特于5月18日入住帝国饭店。陶特当天的日记中这样描述自己的感受：“饭店里面很压抑，感觉像是被按住了头［外观也是一样］。艺术性上看就是个赝品。到处都用了大谷石，因此到处都凹凸不平，灰尘堆积［完全缺乏日常实用性］。唬人的寺院风格——这就是‘艺术’了吗？各种楼梯像迷宫一样，空间使用上无比浪费。我对赖特深感失望。”陶特很爱用“赝品”这个词，罗马字拼写为“IKAMONO”，指仅从表面模仿外国建筑或工艺的拙劣设计。

[18] 吉田铁郎，1884—1956年。从东京帝国大学建筑学科毕业后进入递信省营缮课，在各地设计了邮政局等众多政府建筑。他推动了日本现代建筑的普及和发展。代表作有“东京中央邮政局”及“大阪中央邮政局”、“京都中央邮政局”等。擅长外语，创作了1935年在德国出版的《日本等住宅》等多部德语著作。陪同陶特参观了桂离宫，还帮助他设计了原日向别邸。陶特对吉田的“东京中央邮政局”十分赞赏。

海外的样式，而是基于日本传统的木造结构设计了明快的钢筋水泥建筑。在充满复刻和模仿的日本建筑中，陶特对它青眼有加也是理所当然的［不过最早高度称赞吉田的作品的似乎是雷蒙德］。

陶特和久米权九郎、藏田周忠的私交极好，但陶特对他们的作品也是批评得毫不留情。陶特最欣赏上野伊三郎[19]的建筑作品，希望能邀请上野来和自己配合，负责生产。井上也持相同意见，因此在群马县工业试验场高崎分场独立出来，改组成群马县工艺所时，邀请上野来做了所长。上野很为自己周围没人会说德语而烦恼，因此非常高兴能做陶特的翻译及合作者。所有人都以为，如果他能来高崎，那陶特的工作能够顺利开展，日常生活也会丰富许多。恐怕陶特自己也是这么认为的。遗憾的是，所有人的预想都落空了。可以说正是他的到来导致陶特对日本丧失了希望，而对上野来说也是一段不幸的经历。连我也是，夹在陶特、上野、井上三个人中间不知如何是好，什么事都做不了。

---

[19] 上野伊三郎［1892—1972］：在早稻田大学学习建筑，1921 年留学德国。1924 年开始在维也纳的约瑟夫·霍夫曼建筑事务所工作。回国后在自己的出生地京都开办了上野建筑事务所。为发起新建筑运动，他还召集建筑师们创立了“日本国际建筑会”，担任代表。建筑会创办时，他也邀请陶特、格罗皮乌斯、门德尔松等人加入，成为海外会员。以此为契机，通过该会招聘的形式，陶特才得以来到日本。1936 年 5 月至 1939 年 9 月，上野担任群马县工艺所的所长。战后夫妻二人都到京都市立美术大学［现京都市立艺术大学］担任教师。卸任后创办国际设计研究所，投身于美术教育事业中。上野前往敦贺港迎接陶特夫妇，第二天带领他们参观了桂离宫。陶特关于桂离宫的文章对日本建筑界及文化理论产生了深远的影响，这其中上野精心、准确的准备和解说起到了很大作用。此外他还在陶特演讲时负责翻译，和陶特一同游览日本各地，竭尽所能地关照陶特。利兹夫人是奥地利人，曾在约瑟夫·霍夫曼创办的维也纳工房担任设计师。在德国期间和上野相识并结婚。

工艺所新成立时，我热切盼望井上个人、作为县内公立机构的工业试验场以及组合形式的木工、家具工厂等混乱的组织结构能够得到统一，在陶特的指导下一举走上正轨。因此我也接受了县里的任免令，到工艺所任职。我以为新组织能够建立上野所长、井上顾问的协同体制，顺利开展工作。

然而事与愿违，陶特、井上开始联合起来反对上野。原因是上野特聘了妻子利兹，更重视她的设计作品，擅自进行样件试制。上野极力夸赞自己夫人的设计，将她的作品放在了比陶特更为优先的位置。因为他觉得工艺品设计不过是建筑师陶特的业余爱好，而上野利兹夫人则是维也纳的约瑟夫·霍夫曼门下、维也纳工业联盟成员，是久负盛名的工艺品设计师，更是这个领域的国际专家。上野伊三郎自己也师从维也纳分离派巨匠约瑟夫．霍夫曼在维也纳学习过，因此认同自己的夫人可说是理所当然。

然而对陶特来讲，分离派不过是过去的一抹剪影。自己有着率先超越它，孕育出德国表现派的傲人履历，作为和格罗皮乌斯一同执国际建筑界牛耳的人，陶特有理由自负。因此到了这种时候，他绝对无法忍受重现维也纳分离派风格等做法。据说最开始他推荐上野先生做所长时附加了一个条件，就是决不能和上野利兹夫人扯上关系。向县里推荐利兹夫人的是商业所长，井上也并不知情。上野先生命人制作的所长座椅被陶特大加贬斥，完全否定。

由上野所长来统一内部组织已经没有指望，而且县里新派给上野所长的业务管理员官僚作风严重，让人无法忍受。我觉得这种地方实在待不下去，于是不顾上野所长挽留提交了辞呈，再次成为井上的直属部下，可以随心所欲地同陶特接触了。

不管怎么说都是上野伊三郎将陶特邀请到了日本，这份一直延续的友情是无法割舍的。两人私交很好，是相互之间可以直呼姓名的关系。而上野渊博的知识，尤其是他娴熟的德语对热衷于谈禅论道、追求日本文化的陶特来讲是不可或缺的。

然而上野所长公务缠身，很少有时间能来少林山拜访陶特，因此两人关系没能像预期的那样更加亲密。甚至有时候陶特得来找我传话：“跟上野说，多来洗心亭。”我有无数东西想跟上野所长学，同时利兹夫人展露出的对设计的敏锐触觉让我感受到了前所未有的魅力。这种关于美的微妙感动让我非常尊重她。然而陶特对此不屑一顾。涉及设计工作时他对我会用“那个女孩”[The girl] 来称呼利兹夫人，其他场合则用的是“Mrs. 上野”，这几乎是完全不掩饰自己嫌恶的情感了。当然，这只是在我们两个人私底下的时候，面对上野先生时他不会这么做。看陶特离开后出版的工艺所相关印刷品、作品集，完全无法分辨哪些作品是陶特的，哪些又是上野伊三郎的。每件作品都盖上“陶特·井上”印章的约定也完全不作数了。外界的人们很多时候也会把它们误认、混淆。

陶特写给我的信中经常提到这个问题，他很担心，然而凭我的力量根本无法解决。不久后上野所长也离开了。新所长上任后，和陶特相关的所有东西都被撤走，工艺所又变成原来那个县政府机关了。

工艺所变成这样，陶特之前想在群马县固定下来的工作自然全都被丢掉了。工艺品店“Miratiss”之前被允许销售盖着“陶特·井上”印章的作品，昭和十八年我应征入伍时，因时局影响也关店解散了。

许多匠人都和陶特关系很好，参与了他组织的工作。这些年轻人可能听不懂德语，但大家都以能从事这份了不起的工作而骄傲、自豪。现在想来，不知多少青年在之后的战争中被夺去了生命。

如本文开头所述，和陶特一起工作的都是工业试验场培养的年轻人。因此后来战争爆发时他们都在适龄期，应征入伍后或死于海上，或死于陆上。只有身体不好的人才能留下来，也都死于疾病了。比如木工和漆工，没有一个人能够一直坚持工作。

到了战后，为了帮回国人员找到谋生的工作，我想到了因陶特而知名的高崎竹皮编织[20]。这种工艺品的生产已经在战争期间中断，我于是拜托市里出资，让硕果仅存的一名匠人做技术指导举办讲习会，

[20] 竹皮编织，陶特设计的工艺品中，家具由高崎木工制作分配组合制作。其他作品由水原寻找技艺高超的匠人制作。其中许多都委托东京的匠人制作，只有竹皮工艺品交给高崎本地的匠人制作。原本高崎就出产竹皮屐和木屐，陶特在时，当地有1000名以上的竹皮工。制作自己设计的作品时，陶特参考了德国的筐子制法，在匠人们的协助下开发出了新的技法。竹皮编织的工艺品在“Miratiss”销路很好，但还是以竹皮屐为主，没能作为当地特产发展壮大起来。战后，为了维持从战场回国的匠人们的生计及复兴工艺文化，水原开始积极复兴竹皮编织工艺。水原因资金困难而中途放弃，但接受过陶特指导的匠人们将生产继续了下去。后来生产的产品逐渐脱离了陶特的设计，有段时间产量很大，取代了需求量已经很小的竹皮屐。到高度经济成长期，和其他手工艺品一样，竹皮编织也陷入颓废。目前陶特的设计和技术由前岛美江继承。

重新开始了这项事业。一时间工作开展得有声有色，但后来日本到了高速发展期，工资低廉的工艺品制作工作不再受人们欢迎，仅能勉强维持了。

具体来看，陶特留下的手工工艺可以说已经完全消失了。或者说是我们将它们丢掉了更合适。

少林山的意义

陶特在群马县 2 年零 3 个月，那么这位住在少林山洗心亭的人是不是什么都没有留下，度过一段没有任何意义的时光就去了遥远的土耳其呢?

我并不这么以为。

陶特曾预测："等到我离开少林山去别处的时候，我会多么怀念这里啊。”比起在当地小儿科的工作，陶特以为将精力投入到著书立说中更有意义。他说：“50年后，日本可能会变成一个粗鄙无味的国家，没有文化内涵的国家。”因此他更希望能将自己看到的美丽的日本写下来流传后世[21]。从这个角度讲，陶特可说是日本文化的恩人。洗心亭为他提供了一个静心思索的场所，仅凭这一点就足以名垂青史了。

还有，陶特留在日本唯一的建筑作品——热海的日向别邸也是在洗心亭构思的。日向别邸完工后我曾跟随陶特前去看过，那天是9月20日，距陶特离开日本已经不远。如今这座小小地下室的装修被重新认识，甚至被列入了日本明治时期以来建筑作品的前一百位。为了将日本对陶特的态度昭告后人，我以为应当将日向别邸列为国家指定守护建筑。这座杰出的建筑也是在洗心亭四叠半的房间里孕育出的。

但我们绝不能将陶特和小泉八云等混为一谈。后者因为被日本吸引而离开故乡，对日本有着深厚的感情。陶特始终坚持自己是德

[21] 关于陶特在日本的著述，陶特在德国时创作了论述乌托邦式建筑的《城市之冠》[1917]及《阿尔卑斯建筑》《宇宙建筑师》[均为1919]等。还出版了面向普通读者的住宅论述作品《新的住宅》[1924]、《某住宅》[1927]等。来日本后不久，5月26日陶特便收到了出版作品的约稿，6月29日完稿。次年5月取名《日本》[明治书房]出版，不久后再版。之后又陆续出版了《日本文化私观》[明治书房，1935]、《日本的房屋和人们》[三省堂，1937]等。此外，陶特几乎每天都写日记，还为许多杂志供稿。

国人，他深爱着自己的祖国，希望祖国能够走上正确的道路。同时他还是一位天生的建筑师，出于建筑师的使命他想要了解日本，想要将在日本的收获作为礼物留给日本，但最终他还是选择离开。

表现派大师陶特在日本得到了什么？有哪些变化？他都在洗心亭里记录了下来。至少在群马县高崎度过的这段时间是有意义的，没有它，我们将无从得知陶特在日本的一点一滴。陶特留给日本最珍贵的礼物就是在这里准备好的。

遗憾的是，这位真正的建筑师无法从事自己真正的工作。他如饥似渴地想要回归本职，内心无比焦虑。后来这一愿望终于在土耳其的伊斯坦布尔达成，然而就像堰塞湖突然崩塌，突如其来的疾病洪水般夺走了他的生命[22]，病因可能早在洗心亭时就已经种下了。我们不能不为那个黑暗的时代感到痛心。

---

[22] 在土耳其时的建筑作品，1936 年 10 月 15 日陶特离开日本，次月抵达伊斯坦布尔。他获得新土耳其共和国首任大总统凯末尔 · 阿塔蒂尔克的信任，奉命负责设计和现代国家相称的建筑群。陶特埋头工作，做出了许多大型建筑的计划方案。由于疲劳过度，他的宿疾恶化，于 1938 年 12 月突然去世。陶特离开日本前曾一再邀请水原同去土耳其，但因种种原因未能成行。接到讣告时想必水原心里一定十分悲痛。

应当“再发现”的事情

陶特离开已经40年，现在的日本同他预言的一样，变得粗鄙，亲手毁掉了许多这个国家呈现给世界的瑰宝。先是同纳粹联手对抗全世界，品尝到了战争的苦果，然后又被陶特厌恶的美国支配，沦为经济动物。陶特的《日本房屋及生活》再版时我曾参与照片的收集工作，不得不亲眼见证陶特看到的日本已经成为失落的历史这一事实。

日本文化消亡前最后的一点时间里，陶特为我们把它记录了下来。或许作品的名字不应当叫《日本美的再发现》，而是《日本美的终点》。“再发现”意味着人们必须得找到可以发现的东西。

事实上，建筑界有部分人在倡议“陶特的再发现”。一直以来都有人——有些还是陶特在日本期间直接接触过的人——否定陶特来日本的意义。有记录可查的比如：“陶特没有给日本建筑界带来任何东西，甚至可以说他是个滑稽戏演员。”［仙台工艺指导所藤井左内所述，刊登于《工艺新闻》]。类似的批评绝对不在少数。

即使是明显对陶特抱有好感的人，比如藤岛亥治郎先生[23]也曾严厉批评热海的日向别邸是“对桂离宫的执念全都体现在这里了。他喜欢的竹子、棕榈绳做的楼梯扶手也不过是猎奇而已。”[藤岛亥治郎《布鲁诺·陶特》]。朝日新闻的齐藤寅郎先生一直对陶特非常友善，很关照他，也说陶特的建筑“对日本的兴趣过于强烈了”，持批评态度[《国际建筑》]。

但是现在出现了持不同意见的人，他们主张“关于如何通过布鲁诺·陶特留给我们的著作及工艺制作产品来真正评价他……如今才刚刚找到头绪”，人们无法理解陶特在日向别邸设计中的真正用意，是因为“学院派的正统”一直看不到陶特早就看到的“建筑最本质的生命中隐藏的丰富可能性”[《SP》，1971，长谷川尧]。栗田勇等人甚至提出了“说得极端一点，明治维新以来，所谓日本的传统实际上都是由B. 陶特等外国人发掘”的观点[《室内装饰》所载《传统的逆说》]。

---

[23] 藤岛亥治郎［1898—2002］：日本建筑史家。负责了四天王寺、中尊寺、法隆寺等古建筑的复原修理、平泉的发掘调查。同时还致力于文物保护。除《日本的建筑》《古寺再现》之外，还著有论述陶特的《布鲁诺·陶特》［影国社，1953］、《布鲁诺·陶特的日本观》［日本放送出版协会，1940］。

陶特在日本时，日本建筑界醉心于制作西欧文明的复制品，对本国的传统懵懂无知。抱有日本国粹主义思想的人还会借口外国人哪里懂得日本的事情，拒绝和外界交流。不仅是建筑，仙台工艺指导所和大仓陶园也是，陶特之所以没造出符合他们意愿的东西，原因就在于此。

如果有心找回“失去的日本”，就需要重新发现陶特，将陶特的“日本美的终点”作为起点来学习。如果不能通过陶特的眼睛分辨新鲜事物，人们终有一天会明白，自己沉溺在了“新奇”这一可笑的古旧当中。理解不了陶特 50 多岁时到了日本还如此激动，仅将他看作表现派时代的老人，那只能说明这个人自己的眼睛还停留在过去。听不到陶特“不——沿着桂离宫！”的呐喊声，是因为这个人闭上了自己的眼睛[24]。

评价陶特是滑稽演员的人都被过去埋没，消失得无影无踪了。无法真正认识陶特看到的日本，将他对日本文化炽热的情感评价为

[24] 关于陶特的著作产生的影响，陶特在日本期间的著作全都多次再版发行过。收录了《伊势神宫》《桂离宫》《天皇和将军》等文章的第一部著作《日本》更是反响强烈。尤其是《桂离宫》，至今仍在建筑论及日本文化论领域被拿来反复讨论。此外，收集了他的演讲记录及纪行文章的《日本美的再发现》［岩波书店］于陶特去世后的 1939 年出版，也读者广泛。

“猎奇”的人，无法将新生日本的新事情背负在自己肩上。

陶特在东大演讲时还是学生的丹下健三后来引领日本建筑界，成长为世界的丹下。真正被陶特震撼到的人，都是能创出自己事业的人。而这些人的时代过去后，人们想重新从世界史角度审视失去的日本时，真诚的研究者们将会呼吁“再发现陶特”。

1954 年，陶特曾经的盟友、格罗皮乌斯来到日本。当时我也聆听了他的演讲。但如同岸田日出刀所说，这位包豪斯学院的领导人在美国安居乐业，已经丧失了创始人的生命力。他造访桂离宫是在陶特绘制“桂之画帖”之后 20 年的 6 月份，感觉只是为了印证一下陶特曾经到过的地方。日本对桂离宫研究已经蔚然成风，研究书籍虽然出版的不少，但全都千篇一律，没有独到的创见。

对比选择了苦难道路的陶特和前往美国安度晚年的格罗皮乌斯，我觉得陶特的生活方式更有意义。

陶特和我

对于我，陶特是个特别的存在。让我客观地评价自己的恩师根本不可能。即便如此我依旧尽量保持冷静，全篇称他为“陶特”，不用敬称写下了这篇杂记。真的是很难下笔。

看过《陶特日记》的人可能会记得日记里面出现过我的名字。而篠田英雄先生的后记里也提到过我，读者们可能会好奇译者篠田先生和我是什么关系。我和篠田先生相识是在陶特去世以后。第一次见面是在少室山一同参加陶特的一周年祭时，当时也并没有聊很多。作为译者，篠田先生并没有因为我而为尊者讳。我原本是个乡下孩子，没上过学，能够和陶特有交集也只是因为这位巨匠暂时寓居在了我们那里。他在群马县的工作需要我，我们的关系仅此而已。

我想趁此机会学习德语，读了些入门的书，想用德语和陶特交谈。结果他一个劲儿地批评我德语中的缺点，根本顾不上谈工作。

陶特是个很严格的人，所以连发音都要纠正我。不过英语的话只要他能听懂就行了。日语单词偶尔也顺口用一下。法语也好、德语也好，我们在交谈时都随意切换着用。终于形成了一种特殊的会话模式，但也能达意。最头疼的是关于中国古典的会话和其中的人名。尤其是禅宗的话题，简直完全无计可施。碰到自己看不懂的汉字，我就把书带回家问父亲，查字典译成英文，再把答案带去少林山。

我知道陶特一直在写日记，其中一部分被篠田英雄先生译出刊登在杂志上后，陶特又给我看了《里日本纪行》和《下雪的秋田》等。另外，将日记做成日式书籍也是我带回高崎后做的。我并没有阅读过德语的原版日记，不过我知道里面一定会提到我，因此说实话心里有些惶恐，不知陶特写了些什么。我很了解陶特，他从不考虑别人的情绪，再亲密的人有时也会大肆批判。

有时我知道的事情陶特未必能正确理解，我很懊恼自己不能准确地向他说明。首先大家日常习惯不同，最主要的是语言不能自由

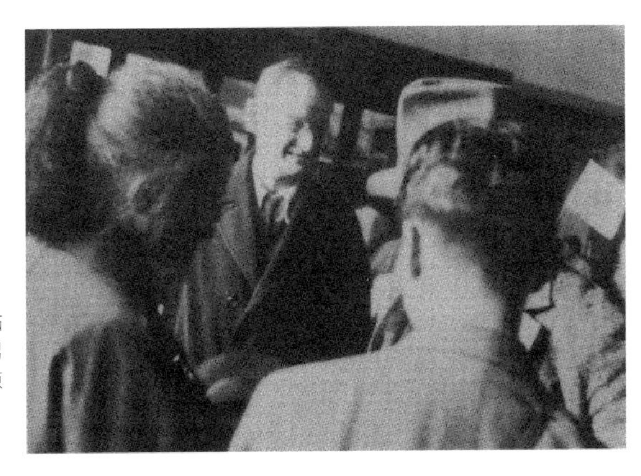

陶特离开高崎当天，在车站送别的人们。左边的长发男士是本文中也曾提到的水原德言的父亲——水原德门。收藏：少林山达磨寺

运用，因此难免产生误会和错觉。我只能寄希望于读者都能理解这一点，然而这也是有限度的。据译者篠田先生说，日记中有些太过分的话自己给删掉了，翻译时也会尽量联络相关当事人，做好注解，以免读者误解。

陶特有着强烈的求知欲，希望在尽量短的时间内准确了解整个日本。因此只要一有机会他就会向周围的人发问。在京都、东京、仙台等地时很容易就有人能提供权威、可信赖的信息和知识。但少林山上没有这种人。

举个例子，井上收藏的古董做了大量的目录，陶特会从中剪下自己认为必要的页码，将内容标注罗马字后阅读。他通过这种方式锻炼自己的眼力，解决难题。然后他会在我去少林山的时候问我一些问题。但是想要通过这种方法获得正确的鉴别能力是很危险的。如果是在欧美，这类目录上不会记录错误的商品作者姓名，遗憾的是日本并没有美术鉴定的习惯。它们会误导陶特。

我父亲一直接触古代美术，我在少年时代就知道古书画中多的是赝品。少林山上的学生们对日本的古画完全没有兴趣，也没有相关知识，因此只能由我给陶特做说明。当然，我也分辨不出来哪些是真品，哪些是赝品。但陶特在少林山生活期间都来问我，我觉得有疑问的时候会去问父亲寻求答案。这恐怕是陶特在这穷乡僻壤能够想到的唯一办法了。当这些成为陶特最关心的事情时，我也就成了陶特需要的人，自然能够跟他亲密一些。

倒不是说我对浮世绘有特别的鉴赏能力，只是出于需要，小时候就临摹过它们，已经有了自己的喜好，因此不会全盘接受解说的内容。陶特讨厌别人生搬概念，说话时没有自己的判断。与其说是讨厌，不如说是憎恶。他从不认可未亲眼见过的泛泛之谈及生套概念的空洞发言。

我并不是一直都和陶特的意见一致。比如日记中虽然没有记载，但我记得关于后期印象派的绘画，陶特对亨利·卢梭的评价极高；

我则坚决反对，以为他的地位无论如何都不能超过塞尚。这种时候陶特都会露出一副遗憾的表情，但从来没有硬让我接受他的意见。桂离宫的小堀远州建造论就是典型代表。陶特坚持这一观点，还写了相关文章。其中信息是从何处得来、将这些信息传达给他的人的责任实在很大。他还有许多出于类似原因的错误曾被指出［远州是桂离宫作者之说的重点不在其真伪，应当看到陶特心中建筑师应有的姿态］。

语言、文字都不懂，又对日本文化有着极强的探究意愿，期望自己的作品能流传后世。在陶特面前，我是维持这份热情的源泉，唯一可以依靠的人，唯一的期待。

为了不辜负这份期待，我从少林山回来之后就没日没夜地读平凡社的旧版《世界美术全集》。不只限于美术，我也开始苦苦思考关于日本应有的姿态等大课题。慢慢地，陶特周围的人越来越少，而且陶特的日本研究也走向综合性研究的高度。在这个没人能跟他交流的地方，他把我当成了理解日本的唯一窗口，不断丢过来各种疑问。了解到陶特的伟大，明白他思考的问题有着多么重大的意义后，我不禁感觉到自己一个人承担了多么重大的责任。尤其陶特听不得一点谎话，容不得一点矫饰，也不认可道听途说的说明，自己要怎么才能满足他的要求呢？希望读者们阅读《陶特日记》时能够体会到我苦苦挣扎的心情。

聽松文庫
tingsong LAB

出　　品 | 听松文库
出版统筹 | 朱锷
装帧设计 | 小矶裕司
设计制作 | 汪阁
翻　　译 | 岳冲
翻　　译 | 邬乐［编者前言中译英］
法律顾问 | 许仙辉［北京市京锐律师事务所］

图书在版编目(CIP)数据

日本美的构造：布鲁诺·陶特眼中的日本美/(德)布鲁诺·陶特著；岳冲译. -- 上海：上海人民美术出版社，2021.1
ISBN 978-7-5586-1906-9

Ⅰ. ①日… Ⅱ. ①布… ②岳… Ⅲ. ①古建筑－建筑艺术－日本 Ⅳ. ①TU-093.13

中国版本图书馆CIP数据核字(2020)第263492号

日本美的构造：布鲁诺·陶特眼中的日本美

著　　者　布鲁诺·陶特
翻　　译　岳　冲
责任编辑　包晨晖 郑舒佳
技术编辑　王　泓
出版发行　上海人民美術出版社
社　　址　上海市长乐路672弄33号
印　　刷　天津图文方嘉印刷有限公司
开　　本　889×1194　1/32
印　　张　17
版　　次　2021年1月第1版
印　　次　2021年1月第1次印刷
书　　号　ISBN 978-7-5586-1906-9
定　　价　88.00元